U0150944

从零开始学茶艺

张雪楠　编著

中国纺织出版社有限公司

茶是这样的东西。

夏天喝绿茶可以消暑，冬天饮红茶可以祛寒；大口喝可以解渴，小口品能够知味。不同的时节、不同的饮法，就有不同的滋味；不同的性情、不同的心境，也就会有不同的感悟。

在一天的紧张工作和劳累之后，悠然地沏上一壶清茶，透过袅袅的轻雾，看杯中的茶叶沉浮舒展，闻沁人心脾的清香弥漫，细细地品味那始涩而回甘的香茗。不知不觉中，疲劳全消，烦恼尽去。

当心情错综复杂时，当感觉烦躁郁闷时，不如选择喝茶。茶汤入口，或清雅，或馥郁，或众味交集百转千回。让淡淡的苦涩和清清的余香萦绕着你，久久不散。那沁人心脾的茶香总能在不经意中牵动心灵最深处的那一方净土，醉了思绪，净了心灵。品茶的时候，心情平复，杂念止息。

让我们的心灵少一些浮躁多一些平和。生活，有时需要苦涩，有时需要甘甜，有时需要静思，有时需要淡然。

目录

第二章
学泡茶　赏名茶 ······ 71

第三章
养生中国茶 ······ 169

第一章 茶在生活中

因为有了茶，
生活不再索然无味。
因为有了茶，
纷繁中多了几分沉思。
因为有了茶，
紧张的生活便增添了几分恬淡。

茶说

茶为国饮

中国历来是世界上最有影响力的国家之一，中国的一些特产在世界范围内都有着非常广泛的影响力，比如丝绸、瓷器和茶。茶起源于中国，现在世界各国的茶名或者读音都是直接或者间接从中国传播过去的，比如英语中的茶为“tea”，而福建厦门的方言中茶读做“tey”，葡萄牙语中的茶直接读为“cha”。茶作为国饮，已经成为中国文化的主要代表元素。茶之历史，源远流长。茶也如丝绸、瓷器一样成为中华文明的象征。

“茶为国饮”在中国历史上虽然无名却有其实。早在远古时期，我们的祖先就已经开始用茶了，神农氏是最早发现和利用茶的人。

茶的发现人——神农

相传神农为了天下众生遍尝百草，其中固然有一些可口的植物、可充饥解饿的粮食，也有很多是有毒的植物。一天，神农尝了一种毒草后身体终于承受不住，百毒俱发，晕倒在山脚下。等到他悠悠转醒，发现身边有一棵小树，翠绿的叶子带着淡淡的清香，神农便采下一片放入口中咀嚼起来，立刻芳香满口，原来身体不适也消失得无影无踪。后来，神农把这棵小树移植到人类的聚居地。这棵树，就是一棵茶树。

从中药转化为调味料

后来，人们发现，茶不仅可以治病，而且气味芬芳，于是人们开始在加工食品的过程中放入一点茶叶，将其作为烹饪的调料，茶叶完成了从药入食的过程。

从调味料变为混煮饮品

我们可以想象，在某一天，人们可能是因为煲汤放入了茶，结果煲出来的汤味道极为清香，人们觉得这种神奇的叶子用来加工饮品更为合适，于是开始把茶叶、糖、山楂等混合在一起煮，作为饮料来喝，茶终于作为饮品登上了历史的舞台。不过这个时候煮茶的工具还非常简陋，随便弄个陶罐或者锅就可以了。

唐代开始的煮茶

历史的车轮终于滚到了唐代，茶文化也随着大唐盛世的出现开始繁荣起来。相传茶圣陆羽偶然发现，把茶团碾碎，与沸水同煮，直接饮味道更佳。慢慢地，人们接受了这种煮茶的方法，煮茶喝茶的讲究也逐渐多了起来。

宋代的点茶

由于茶叶烘焙制作的技术不断完善，宋朝人把碾碎的茶叶直接放在碗中，用沸水冲调就可以直接饮用。这种盛行一时的饮茶方法又叫点茶法。

元朝以后的冲茶

元朝以后，茶叶已经不必碾成碎末，只需把茶叶直接加入沸水，全叶冲泡。到了明末清初，紫砂壶泡茶的方法逐渐兴起，直到今天，一直都是饮茶的主流方式。

千古茶风

古往今来，从王公贵族到贩夫走卒，从文人骚客到平民百姓，好茶者无数。但称得上“千古第一茶人”的，非唐朝陆羽莫属。在中国茶文化史上，他所创造的一套茶学、茶艺、茶道，以及他所著的《茶经》，是一个划时代的标志。

茶圣陆羽和《茶经》

在陆羽之前，虽然中国茶已经有了上千年的历史，但仅仅是作为一种食品添加剂或者药物，很少有人对其进行系统的研究，而陆羽是第一个把茶叶单独与沸水同煮、直接清饮的人，这表明了茶作为独立的一种饮料，开始正式登上历史舞台。而且陆羽也第一次提出了茶艺之说，从此品茶、赏茶之风盛行，中国的茶文化也随之发展起来。

自唐初以来，各地饮茶之风渐盛。但饮茶者并不一定都能体味饮茶的要旨与妙趣。于是，陆羽决心总结自己半生的饮茶实践和茶学知识，写出一部茶学专著。这本著作到最后完成共经历了十几年的时间，是我国第一部茶学专著，也是中国第一部茶文化专著，即使在今天，仍然具有很大的实用价值。

陆羽对茶的研究是多方面的，茶叶的选择、泉水的鉴赏、茶器的制作、饮茶的礼节都有相当的研究，他还自己亲自设计制作了一些煮茶的风炉等茶具。有很多名泉、名茶都有陆羽的传说甚至以陆羽为名。后世尊其为“茶圣”。

陆羽之后，潜心研究茶的人越来越多，存世的各类茶书也越来越多，茶已经脱离其单纯饮品的身份，成为中国文化必不可少的象征性符号。

中国历代著名茶书

《茶经》唐·陆羽	《茶录》明·张源	《茶录》宋·蔡襄
《茶谱》明·顾元庆	《北苑别录》宋·赵汝励	《茶考》明·陈师
《煎茶水记》唐·张又新	《水品》明·徐献忠	《茶说》明·屠隆
《茗笈》明·屠本	《品茶要录》宋·黄儒	《茶疏》明·许次纾
《东溪试茶录》宋·宋子安	《茶话》明·陈继儒	《茶解》明·罗廪
《茶寮记》明·陆树声	《茶具图赞》宋·审安老人	《茶集》明·喻政
《宣和北苑贡茶录》宋·熊蕃	《煮泉小品》明·田艺衡	

茶诗茶话

茶也是文人墨客们的最爱，饮茶、赏茶的同时，自然也留下了许多吟咏茶的名篇佳句。

食罢一觉睡，起来两碗茶；
举头看日影，已复西南斜；
乐人惜日促，忧人厌年赊；
无忧无乐者，长短任生涯。

——唐·白居易《两碗茶》

越人遗我剡溪茗，采得金芽爨金鼎。
素瓷雪色缥沫香，何似诸仙琼蕊浆。
一饮涤昏寐，情思爽朗满天地。
再饮清我神，忽如飞雨洒轻尘。
三饮便得道，何须苦心破烦恼。
此物清高世莫知，世人饮酒多自欺。
愁看毕卓瓮间夜，笑向陶潜篱下时。
崔侯啜之意不已，狂歌一曲惊人耳。
孰知茶道全尔真，唯有丹丘得如此。

——唐·皎然《饮茶歌诮崔石使君》

百草让为灵，功先百草成。
甘传天下口，贵占火前名。
出处春无雁，收时谷有莺。
封题从泽国，贡献入秦京。
嗅觉精新极，尝知骨自轻。
研通天柱响，摘绕蜀山明。
赋客秋吟起，禅师昼卧惊。
角开香满室，炉动绿凝铛。
晚忆凉泉对，闲思异果平。
松黄干旋泛，云母滑随倾。
颇贵高人寄，尤宜别柜盛。
曾寻修事法，妙尽陆先生。

——唐·齐已《咏茶十二韵》

茶乡茶飘香

俗话说，一方水土养一方人，茶亦如此。同样一种茶，在一处茶叶飘香，在另一处品质则相对差了很多。比如武夷岩茶，只在武夷山周围地区才是上品，而再远一点的周边地区则等而次之了。茶乡养育了名茶，名茶也成就了茶乡，很多茶乡正是因为其所产的名茶才名扬四海。

中国的名茶几乎都和名山、名水、茶乡分不开，从命名上就可以看出来，如洞庭碧螺春、安溪铁观音、西湖龙井、黄山毛峰等。

武夷岩茶甲天下

武夷岩茶产于武夷山，茶树生长在岩缝中。具有绿茶之清香，红茶之甘醇，是乌龙茶中之极品。武夷岩茶可分为岩茶与洲茶。在山者为岩茶，是上品；在麓者为洲茶，次之。

武夷山茶区名茶遍地，有大红袍、武夷肉桂、闽北水仙、水金龟、铁罗汉、白鸡冠等，所以有武夷岩茶甲天下之说。

铁观音之乡安溪

安溪境内峰峦叠翠、甘泉潺流、云雾缭绕、气候温和、四季常青，自古就有“龙凤之区”“南国茶都”之美称。大自然哺育了众多优良的乌龙茶树品种，其中以安溪铁观音最为有名，其品质特征鲜明独特，香气似兰似桂自然清香，滋味醇厚甘爽，外形螺旋卷曲，紧结重实，色泽乌褐，砂绿油润，茶汤清澈明亮，饮后齿颊留香，回味甘美。铁观音是我国八大名茶之首，很多地区都有出产，但一提起“铁观音”三个字，人们首先想到的肯定就是安溪。

古府普洱，千年茶马古道

中国茶有很多是根据其产地来命名的，普洱茶就是其中之一。普洱自古以来以普洱茶产地和集散地闻名中外，是清代向朝廷上贡普洱茶的普洱府所在地。

“普洱”为哈尼语，“普”为寨，“洱”为水湾，意为“水湾寨”，是一座有上千年历史的茶叶古镇，普洱地处无量山余脉与西南部中山宽谷的过渡地带，山高谷深、谷宽成坝。“晴时早晚遍地雾，阴雨成天满山云”，得天独厚的自然环境为普洱茶的生长创造了有利条件。

原始茶树林和现代茶园并存，构成了普洱茶的自然博物馆。过去的普洱茶，主要通过马帮沿茶马古道运往内地，远销海外。这运输普洱茶的茶马古道为石板路，至今在普洱城北 10 公里处还保存有当年的“茶庵鸟道”，即茶庵塘茶马古道；在城南同心乡那柯里村南边昆洛公路 539 公里碑左侧，也还余存石阶铺就的昔日“那柯里茶马古道”遗迹。

南坪林，北鹿谷

宝岛台湾是著名的茶产区，几乎台湾的每一个县都出产茶叶，但是最有名的两大茶乡当属坪林和鹿谷了，有“南坪林，北鹿谷”之说。

坪林区水资源丰富，年平均降雨量 3000~4000 毫米，整个坪林区都处在海拔 150~1200 米的丘陵地区，这种地形和气候非常适合茶树生长。清嘉庆年间福建移民引进青心乌龙茶树种植于文山茶区，而以“文山包种”最为著名。

“鹿谷本是桃源境，千径幽篁万壑茶。俨然十里茗香味，人在画图山水中。”鹿谷不仅是茶乡，更是著名的旅游胜地。大名鼎鼎的冻顶乌龙茶，即产于鹿谷区的冻顶山。此座海拔 740 米的小山，常年云雾笼罩，带有湿气与石灰质的土壤，为茶叶生长提供了最佳条件。

冷水泡茶慢慢浓

禅语说：茶具有人生三味。初饮苦涩，再饮回甘，饮后余香。于是，作为家居生活不可或缺的“柴米油盐酱醋茶”中的普通一员，茶把无比深奥的禅理和现实人生的衣食住行紧密地结合在一起。

茶如人生，平淡的水，溶入了几片茶叶，就成为茶；似水流年，平常的生活，若是有了一颗淡然的心，就

会充满欢喜。

心情好时，喝一口茶便清香四溢，如品春风得意之人生；心情不好时，茶虽有苦涩之味相约，回味却有甘甜，暗中摸索，丰富而又有深邃哲理的甘苦人生会让你品出一片新天地；心情不好不坏时，入口之茶便有淡泊之味，人生变得安适闲散起来。“宁静致远，淡泊明志”，此乃人生一大境界。

生活不会刻意地留心每一个人，就像饮茶时很少有人会在意杯中每一片茶叶一样。茶叶不会因融入清水、不为人所在意而怨天尤人、自暴自弃。它依然释情展眉，默默地奉献出自己所有的清香和甘醇。人生或者浓酽或者清淡，或苦尽甘来，或五味杂陈，或说得出口，或说不出口，如何体会，只有自己的心最清楚。

饮茶人总想说出茶的滋味，却不知道饮茶的滋味就在饮茶的过程中。亦如人生，总计较得失成败，殊不知成败得失，都是人生的滋味。只要有颗淡定、耐得住清淡的心，冷水也罢，慢慢浓起来的，终是茶了。

茶韵

初识一叶茶

关于茶叶的品质，《茶经》认为："野者上，园者次；阳崖阴林，紫者上，绿者次；笋者上，牙者次；叶卷上，叶舒次。"现代茶叶加工工艺不同，对茶叶的选择也就有一些新的要求。

明前雨后

不同季节的茶叶品质也有区别，春天生长的鲜叶，叶多呈浓绿，肥大而柔软，水分多；夏天生长的茶叶，叶小而质稍硬；秋天的茶叶，其品质介于春夏季之间；至晚秋及冬初所产的茶叶，叶片较小且易硬化，制成茶水，色及香味均淡薄，外形亦粗老，难以制成佳品。大多数茶讲究鲜嫩，好茶基本都是在春天采摘，所以有"明前雨后"之说。

芽叶不同，级别不同

新发的茶叶，芽叶十分整齐，可采摘的叶片越少，茶的品质就越高，同样采摘的难度越大，出茶量越少，自然也就越名贵。好的芽茶每 500 克有数万甚至上十万个茶芽，更是天价，现在绿茶、黄茶、白茶等也多是以芽叶来分级。

芽、一芽一叶，多用来制作特级茶叶；一芽一叶、一芽二叶多用来制作品质较高的茶叶；一芽三叶及三叶以上则是用来制作普通茶叶或作为其他原料。

一些名茶分类更细，于是就有了更细的分法，如一芽一叶初展、一芽一叶开展等。

六大茶类

茶叶采摘以后，要经过一系列的加工，才能变成我们购买的茶叶，例如杀青、晾青、萎凋、揉捻、发酵、烘干、渥堆与陈放、搓团提毫等。

这些加工方式不同，所以茶叶主要分六大类：绿茶、黄茶、白茶、乌龙茶、红茶、黑茶。根据发酵程度不同，茶叶又分为未发酵茶、轻发酵茶、半发酵茶、发酵茶，发酵程度越高，茶汤越浓，茶叶越耐储存。

绿茶属于未发酵茶，保持了自然茶叶的原汁原味，最讲究鲜嫩。

黄茶和白茶属于轻发酵茶，其品质和绿茶相似。

乌龙茶属于半发酵茶，既保留了绿茶的鲜嫩，又有红茶的浓香，十分耐冲泡，有七泡有余香之说。

红茶是发酵茶，其中的芳香物质最多，是最香的一种茶。

黑茶也是发酵茶，其茶饼十分耐储存，保存时间越长品质越好。

水为茶之母

明代大家张大复说："茶性必发于水，八分之茶，遇十分之水，茶亦十分；八分之水，试十分之茶，茶只八分。"一些名泉、名水一般都会和茶有着不解之缘，如"虎跑泉水龙井茶"等。

古人眼中的水

陆羽《茶经》中关于水的描述是这样的："其水，用山水（山泉水）上，江水中，井水下。"古人认为，水的品质是"由上而下"的，最好的水是"天水"，所以古人有收集雨水、露水来泡茶的习惯；其次的是山水，即山泉水；再次的是江水；最后是井水。

名茶与名水交相辉映

很多名茶都与名泉分不开，比如西湖龙井虎跑泉，洞庭碧螺春太湖水，君山银针柳毅泉等。好茶之人，到了茶区，第一件事往往就是喝一壶当地名泉泡的名茶。

水之三沸

古人和现在的人一样，对泡茶水温也是特别讲究的。不同的茶要用不同温度的水，那时候没有温度计，茶圣陆羽就把烧水过程中逐渐加热气泡的变化分成三沸："其沸，如鱼目微有声为一沸；缘边如涌泉连珠为二沸；腾波鼓浪为三沸。"意思是当水煮到初沸时，冒出如鱼目一样大小的气泡，稍有微声，为一沸；继而沿着茶壶底边缘像涌泉那样连珠不断往上冒出气泡，为二沸；最后壶水面整个沸腾起来，如波浪翻滚，为三沸。一旦三沸已过，则水就老了，不宜泡茶。

我们喝茶用什么水

现在全球范围内污染都很严重，所以雨水和河水一般情况下是不宜拿来泡茶的，平时我们能用来泡茶的水也就是自来水、桶装矿泉水和纯净水，有时也能用到井水。

喝茶用水的原则是甘、甜、纯、净，拿城市里的人来说，矿泉水最好，但是需要注意野外带回来的矿泉水要沉淀一下，或者用净水器过滤一遍；纯净水的适用范围最广，各种茶都可以直接用；自来水烧开泡茶其实也没问题，不过最好放在水桶里静置一晚上，第二天取表层的水用煮水器加热，否则的话，煮水壶会很快结一层水垢，不易清洗。

泉水中含有多种无机物，用泉水沏茶，汤色明亮，并能充分地显示出茶叶的色、香、味。

我们平时在家里泡茶多喜欢用桶装矿泉水或纯净水，其实自来水也是很好的一种选择。

相传唐朝湖州刺史李季卿和茶圣陆羽是好朋友，有一次两个人在扬子江畔品茶聊天，就讲起了择水的事情。李季卿说："你善于品茶，天下闻名，我这里刚好有点好茶，这里扬子江的南陵水又是泡茶的极品，我们不妨边品边聊。"

于是李季卿就派手下去取水。这个军士把船划到南陵段的江心取了两瓮水，回程的路上却不小心把其中的一瓮水打翻了。军士心想：要是再回去打水的话，肯定会耽误时间了，大人一定会不高兴的。于是上岸后，趁四下无人，从江边打了一瓮水。

等水送到了，陆羽舀了一勺尝了下说："这水倒是扬子江的，不过不是南陵水，而是江边的水。"军士辩解说："怎么可能呢，我去南陵取水可是很多人都看见了。"陆羽又尝了另一瓮里的水说："这才是正宗的南陵江心水。"军士一听大为佩服，承认了自己半路洒水用江边水冒充的事情。

故事虽然有些像神话，但从侧面反映了古人对于泡茶择水的重视程度。

茶 趣

办公室喝茶

在办公室工作累了，泡上一杯茶，不仅能提神、缓解疲劳，在书香当中又飘满茶香，更是一种享受。

办公室喝什么茶比较合适

茶汤要浓，办公室里喝茶除了解渴以外，提神也是一个比较重要的作用，所以喝一点提神的浓茶是最好的选择。

茶叶要耐泡，毕竟是工作时间，没时间去经常换茶叶，所以要选择比较耐泡的茶叶，基本上一杯茶可以喝上半天甚至一天。

价格不要太贵，名贵的茶叶一般是需要静下心来品味的，显然不适合办公室这样忙碌的环境。

一般来说，办公室里最适合的茶是绿茶、乌龙茶和红茶，普洱需要洗茶的次数较多，不太适合。女性多喜欢红茶包，可以加一点糖、奶来调味。

办公室简易泡茶

温具：加开水到杯子的 1/3，旋转一圈，使开水温到杯子的全部内壁，然后弃水，目的是提高杯子的温度。

投茶：根据茶量的多少，放茶叶入杯中。

温润泡：除了袋泡茶不用温润泡，其他茶叶都需温润泡。绿茶、红茶、黄茶、白茶、花茶的温润泡，加水到杯子的 1/3 处，然后用手转动杯子，或静置 1~2 分钟。

冲泡：加水到杯子的 2/3 处，七分满，花茶、普洱、乌龙茶需加盖，绿茶、白茶、红茶、黄茶不需加盖。

沥茶汤：乌龙茶、普洱茶沥茶汤至品茗杯中再品饮，其他茶可直接品饮。

泡茶小贴士

茶叶中含有大量的单宁、茶碱、茶香油和多种维生素，用 80℃左右水冲泡比较适宜。如果用保温杯长时间把茶叶浸泡在高温的水中，就如同用微水煎煮一样，会使茶叶中的维生素遭到破坏，茶香油大量挥发，单宁、茶碱大量渗出。这样不仅降低了茶叶的营养价值，茶香消失，还会使有害物质增多。

到户外喝茶去

喝茶不仅仅是只能在室内进行的雅事，草长莺飞的时候、鸟语花香的季节，不妨去户外走走，对着美景，再泡上一壶好茶，感觉就更好了。去户外喝茶的时候，可以准备一套轻便、易携带的旅行专用茶具。

方便携带的茶盘

为了节约空间，旅行用的茶盘都十分小巧，一般会选择占用空间较小的正方形或圆形茶盘，而不是传统的长方形，茶盘的抽屉带锁，有一定的储物功能。

专用茶具包

茶壶、茶杯等易碎的茶具放在专用的茶具包里，不易破碎。如果没有茶具包，一定要把每个瓷质茶具分别用布或者纸包好，然后固定在包的某个位置。

便携式包装

旅行一般不会带太多茶叶，尤其是大的茶叶罐，所以外出旅行的茶包最好用真空锡纸包装，或者用其他较小的包装。需要注意的是，名贵的茶具在旅途中还是有一定的损坏危险，所以最好不要带太过名贵的茶具。

到户外泡一壶茶，天地也不大，茶壶也不小。心中天地如壶，眼里壶像天地。大也可小，小也可大，随意变化。一茶一水一壶，一人一景一物，都是同一来源。茶香水甜壶古，人灵景幽物雅，环环相连，一尘不染，可心洗心。明造化之理，享真正自由。茶中不变的，那就是道了。

偷得浮生半日茶

开门七件事，“柴米油盐酱醋茶”，前六件所围绕的中心都是“吃喝”，能谈得上“趣”的，大概只有“茶”了吧。

同样是居家日常饮食，茶比其他食品调料所多的，是它不仅仅能满足人的物质需要，还能给人带来精神层面的享受。欣赏茶趣，须得喜欢品茗、具备一定的茶知识，最重要的是要有闲情雅致，以从容、散淡的心去品味茶杯中的乐趣。

因为茶中大有意趣，所以从唐宋开始，文人墨客爱之好之，各展才能，才创造出如此丰富多彩的茶文化。古人把享受闲暇看得很重要，于是就有诗云“偷得浮生半日闲”，确乎是极为难得的。

品茶是一种乐趣，茶趣的体味与把玩，为都市人繁忙的生活带来了一份淡雅和从容的乐趣。那么为什么不在忙碌的生活中，停一停脚步，也学一学古人偷得浮生半日“茶”呢？

品茶有三乐

一曰：独品得神。一个人面对青山绿水或高雅的茶室，通过品茗，心驰宏宇，神交自然，物我两忘，此一乐也。

二曰：对品得趣。两个知心朋友相对品茗，或无须多言即心有灵犀一点通，或推心置腹述衷肠，此亦一乐也。

三曰：众品得慧。孔子曰：“三人行，必有我师。”众人相聚品茶，相互启迪，可以学到许多知识，不可不说为一大乐事。

品茶有四妙

清代诗人杜浚在《茶喜》中说，茶之四妙：曰湛（清澈），曰幽（幽雅），曰灵（灵气），曰远（远致）。

周作人先生在《恬适人生·吃茶》中说：“茶道的意思，用平凡的话来说，可以称作‘忙里偷闲，苦中作乐’，享受一点美与和谐，在刹那间体会永久……”

当代茶界泰斗吴觉农先生把茶视为珍贵、高尚的饮料，认为饮茶是一种精神上的享受，是一种艺术，或是一种修身养性的手段。

茶具

百变材质皆入茶

紫砂茶具

紫砂茶具是茶人最爱的一类茶具。紫砂壶既不夺茶之香气，又无熟汤气，有养茶之功效，是其他任何一种茶具都无法相比的。而且紫砂壶发展到现在，其功效已经远远超过简单的泡茶。独特的造型、精美的纹饰、加上制壶工匠本身的名气，使得紫砂壶成为茶人甚至古董收藏家热衷的一种收藏品。

瓷质茶具

瓷质茶具是应用最广泛的茶具。瓷质茶具根据胎质的颜色不同可分白瓷、青瓷、黑瓷等，其中白瓷最为常见。白瓷，早在唐代就有“假玉器”之称。

质薄光润，白里泛青，雅致悦目，并有影青刻花、印花和褐色点彩装饰。白瓷以江西景德镇最为著名，其次如湖南醴陵、河北唐山、安徽祁门的白瓷茶具等也各具特色。白瓷茶具是现在最常用的瓷质茶具。

金属茶具

金属茶具是指由金、银、铜、铁、锡等金属材料制作而成的器具。在古代，金属一般都比较昂贵，所以金属茶具一度受有钱人欢迎，但经过使用，大家发现金属茶具并不是很好用，如明朝张谦德所著《茶经》，就把瓷茶壶列为上等，金、银壶列为次等，铜、锡壶则属下等，为斗茶行家所不屑采用。到了现在，金属茶具一般就是用来做盛放茶叶的茶叶罐了，其中锡罐最受欢迎。

玻璃茶具

玻璃茶具泡茶，茶汤的鲜艳色泽，茶叶的细嫩柔软，茶叶在整个冲泡过程中上下穿动，叶片的逐渐舒展等，可以一览无遗，可说是一种动态的艺术欣赏。特别是冲泡各类名茶，茶具晶莹剔透，杯中轻雾缥缈，澄清碧绿，芽叶朵朵，亭亭玉立，观之赏心悦目，别有情趣。

不仅如此，玻璃茶具还可以用来欣赏茶汤，比如泡普洱茶很多人就喜欢用玻璃壶，宝石般红色的茶汤十分动人。

竹木茶具

竹木茶具，本来是农村尤其是茶区人为了省事、节约用竹木制作的，现在反而越来越被茶人所喜爱。

漆器茶具

漆器茶具是利用采割天然漆树液汁进行炼制，掺进所需色料制成的绚丽夺目的器件。漆器茶具较有名的有北京雕漆茶具、福州脱胎茶具、江西鄱阳等地生产的脱胎漆茶具等，均具有独特的艺术魅力。脱胎漆茶具除有实用价值外，还有很高的艺术欣赏价值，常为鉴赏家所收藏。

搪瓷茶具

搪瓷茶具以坚固耐用、图案清新、轻便耐腐蚀而著称。它起源于古代埃及，后传入欧洲。明代景泰年间，我国创制了珐琅镶嵌工艺品——景泰蓝茶具。搪瓷茶具传热快，易烫手，放在茶几上会烫坏桌面，加之“身价”较低，所以，使用时受到一定限制，一般不作居家待客之用。

选好器，泡好茶

茶不同，冲泡的水温、汤色、茶叶形态各不相同，所以对茶具的要求也不相同，尤其是对于一些名茶更是如此。

因茶制宜选茶具

一般来说，饮用大宗红茶和绿茶，注重茶的韵味，可选用有盖的壶、杯或碗泡茶；饮用乌龙茶则重在“啜”，宜用紫砂茶具泡茶；饮用红碎茶与工夫红茶，可用瓷壶或紫砂壶来冲泡，然后将茶汤倒入白瓷杯中饮用。如果是品饮西湖龙井、洞庭碧螺春、君山银针、黄山毛峰等细嫩名茶，则用玻璃杯直接冲泡最为理想。至于其他细嫩名优绿茶，除选用玻璃杯冲泡外，也可选用白色瓷杯冲泡饮用。

因地制宜选茶具

中国地域辽阔，各地的饮茶习俗不同，对茶具的要求也不一样。长江以北一带，大多喜爱选用有盖瓷杯冲泡花茶，以保持花香，或者用大瓷壶泡茶，而后将茶汤倾入茶盅饮用。在长江三角洲沪杭宁和华北京津等地的一些大中城市，人们爱好品细嫩名优茶，既要闻其香、啜其味，还要观其色、赏其形，因此，特别喜欢用玻璃杯或白瓷杯泡茶。福建及广东潮州、汕头一带，习惯于用小杯啜乌龙茶，故选用“烹茶四宝”——玉书（碨）、潮汕炉、孟臣罐、若琛瓯泡茶。

各类茶适宜选配的茶具

绿茶：白瓷、青瓷、青花瓷茶具或者无色透明玻璃杯。

花茶：青瓷、青花瓷等盖碗、盖杯、壶。

黄茶：奶白或黄釉瓷及黄橙色壶杯具、盖碗、盖杯。

红茶：内挂白釉紫砂、白瓷、红釉瓷、暖色瓷的壶杯具、盖杯、盖碗或咖啡壶具。

白茶：白瓷或黄泥炻器壶杯及内壁有色黑瓷。

乌龙茶：紫砂壶杯具，或白瓷壶杯具、盖碗、盖杯。也可用灰褐系列炻器壶杯具。

新手入门茶具

茶盘

如果说泡茶是一场精彩的演出，我们的目光往往关注在演员的表演上，茶壶、茶杯、盖碗等“明星”纷纷登场，但是不要忽略舞台上的“背景”，套用一句话：“没有了他，再好的戏也出不来。”——这个重要的角色就是茶盘。

茶盘的功用

茶盘就是放置茶壶、茶杯、茶道组、茶宠乃至茶食的浅底器皿，它的作用如下。

规矩茶具：什么东西应该怎么放，应该怎么用，一个小小的茶盘就全部帮你定下来了。

承接茶叶茶水：泡茶的过程中不可避免地会洒出一些茶汤甚至茶叶，这些都被茶盘承接了。

茶盘的材质和形状

茶盘以竹木质为主，形状多为长方形，也有正方形，长方形是摆放最方便的一种形状，同时茶壶和茶杯都是圆的，茶盘取方形，有天圆地方之意，和我国的传统思想结合在一起。

茶盘也有其他一些材质如金属、石质、玉质等，也有一些其他形状的，这类茶盘较少，其观赏性强一些。

茶盘的选择

不管什么式样的茶盘，选择时要掌握三字诀：宽、平、浅。

盘面宽：以便就客人人数多寡，可以多放几个杯。

盘底平：以使茶杯稳，不易摇晃。

边要浅：这是为了衬托茶杯、茶壶，使之美观。

根据泡茶的需要，茶盘上可能会放不同种类、数量的茶具，总体的原则是：冲泡、品饮的茶具放在茶盘上，干茶及其他茶具放在茶盘周围的桌面上，安全、取用方便。

茶壶

壶的种类：最常见的壶有紫砂壶、瓷壶、玻璃壶等，各有所长。

紫砂壶：紫砂壶能完美保留茶的色香味，多用于冲泡乌龙茶或普洱茶。小一点的紫砂壶多用于冲泡功夫茶，也就是乌龙茶；冲泡普洱茶的紫砂壶一般较大。

瓷壶：瓷壶多用于简单一点的待客，适用于所有茶类。瓷壶物美价廉、观赏性强、实用性强，最受普通家庭推崇。

玻璃壶：玻璃壶透明，最宜绿茶，或者一些可以欣赏茶汤的茶，不过玻璃壶实用性较差，普通家庭用玻璃壶喝茶较少。

单手持壶：拇指和中指捏住壶柄，向上用力提壶，食指轻搭在壶盖上，不要按住气孔，无名指向前抵住壶柄，小指收好。

双手持壶：一手拇指和其他四指持壶，另一只手的食指或中指轻扶壶纽。

茶杯

茶杯，顾名思义就是用来喝茶的杯子，成套茶具中的小茶杯又称品茗杯。有瓷、陶、紫砂、玻璃等质地，其中紫砂、玻璃、白瓷、青瓷的较多；款式有斗笠形、半圆形、碗形等，其中碗形的最为常见。

紫砂杯

陶杯

瓷杯

品茶时，用拇指和食指捏住杯身，中指托杯底，无名指和小指收好，持杯品茶。功夫茶的茶杯一般没有杯托，因为功夫茶茶杯很小，紫砂杯隔热效果又好，一般不会烫手。有些茶杯带杯托，可以双手使用。

煮水器

煮水器是现代泡茶时最常用的方便的烧水用具。可随时加热开水，以保证茶汤滋味。很多茶泡的时候需要用温度较高的开水，即使是绿茶等对温度要求不高的茶叶，也需要控制好温度，而传统的暖水瓶或煮水工具都满足不了需要，所以煮水器便成了泡茶必不可少的工具。煮水器还有个形象的名字——随手泡。

在古代，泡功夫茶烧水都是用风炉或者炭炉，现在风炉已经绝迹了，最常见的是电磁煮水器，煮水用的壶有不锈钢壶、陶壶、耐高温玻璃壶等。有些茶人也喜欢用炭炉作为热源，使用炭炉时需打开窗户，保持室内通风。新手最好使用电磁热源的随手泡，操作简单，方便又安全。出行或者野外泡茶，可以用炭炉，搭配陶壶或铁壶。

茶罐

茶叶具有挥发性、吸湿性的特点，再好的茶，如果存放不当，也很快会散失掉它本来的香味，所以，行业内有“新手看壶，茶人看罐”的说法，意思是当你的目光已经从茶壶、茶杯这些醒目的东西扩展到注意茶叶的保存等细节，说明你已经开始慢慢变成真正的茶人了。

茶罐的材质

平常用的茶罐最多的是瓷质、纸质和铁、锡等金属质地的茶罐，瓷质的茶罐多为茶具配套的，有较强的观赏价值；锡质的茶罐则多为单品，工艺价值较高，价钱也比较昂贵；铁质和纸质的茶罐则大多数是批量包装时所用，价钱相对低廉。

茶罐的选购

密封性要好：一方面可以隔绝空气，防止茶叶氧化，另一方面防止吸水变质。

无异味而且不串味：茶罐本身要无异味，且不容易吸收其他气味，比如塑料就容易有异味，而陶质的罐子则可能串味，即使使用也只能一直用来装一种茶叶。

不透光：茶叶中的物质受到光照也会分解，所以长期存茶最好不要用玻璃容器。

其他存茶器具

真空包装：一般购茶时使用，抽掉空气让茶叶的保存时间更长。

纸袋包装：一般用来装很快就会喝掉的散茶。

盖碗

茶和文化是分不开的，一些茶具当中也蕴含着中国式的智慧，盖碗就是其中之一。

盖碗又称三才杯。茶盖在上，谓之“天”；茶托在下，谓之“地”；碗居中，谓之“人”。天人合一的智慧就蕴含在这小小的盖碗之中，更体现在品茶、赏茶的过程当中。盖碗兼具茶杯和茶壶两种功能，可以直接在盖碗里泡茶饮用，也可以在盖碗里泡茶，然后分到茶杯里多人饮用。作为茶壶使用时，多用来冲泡绿茶；当作茶杯使用时，可以冲泡各种茶叶。选择盖碗时应注意盖碗杯口的外翻，外翻弧度越大越容易拿取，冲泡时不易烫手。

现在用的盖碗多为瓷，也有玻璃和紫砂盖碗。瓷质盖碗有各种花色，如青花、仿清宫黄色盖碗等。

一手持杯托，一手扶杯盖，用杯盖在茶汤表面轻轻抹两下，刮去茶汤表面的浮沫，然后饮用。

盖碗的杯托、杯身、杯盖是一体的，喝茶的时候不能分开使用，否则既不礼貌也不美观。

公道杯

茶壶中冲泡出来的茶，上下浓淡不一，而且还可能有一点茶渣，这样不能让每个客人都喝到一样的茶，所以就先把茶汤倒进茶海里再分给客人，故称公道杯。

茶壶中的茶冲好后应马上倒进公道杯，如果时间太长，茶汤会变得太浓。茶汤倒进公道杯后，等几秒钟让茶汤静止，先按从左到右，然后再从右到左的顺序把公道杯里的茶分到茶杯里，这样可以保证每个茶杯里的茶汤浓度基本一致。

公道杯有瓷、紫砂、玻璃质地，其中瓷、玻璃质地的公道杯最为常用。有些公道杯有柄，有些则没有，还有带过滤网的公道杯，不过大多数公道杯没有过滤网。在茶艺或功夫茶操作过程中，公道杯、茶杯、茶壶是三大主角，所以选择公道杯的时候要注意跟茶壶和茶杯匹配。一般来说，公道杯应该稍大于壶和盖碗。

过滤网

过滤网是泡茶时放在公道杯口，用来过滤茶渣的，现在的过滤网以不锈钢的为主，也有用竹、木、葫芦等手工制作的个性过滤网。

好茶的茶渣极少，所以现在泡茶过滤网的使用功能越来越弱，装饰性功能越来越强。要注意过滤网的清洁，每次喝完茶，要用开水浸一下过滤网。如果过滤网起不到锦上添花的作用，则不如不用。

滤网架

滤网架是用来放置滤网的器具。滤网架本来的作用是用来放过滤网，但现在被做成了各种各样的形状，材质也五花八门，观赏性很强。

茶巾

茶巾又叫茶布，用来擦拭泡茶过程中茶具上的水渍、茶渍，尤其是茶壶、品茗杯的侧部以及底部的水渍和茶渍。茶巾不是抹布，只能擦拭茶具上的水或者茶汤，茶桌上的各种污渍、杂物不能用茶巾清理，也不能用茶巾擦手。

泡完茶以后应用清水漂洗一下茶巾，然后晾干，不要用任何洗涤剂，也不要用洗衣机来洗。选择茶巾要选择吸水性和透水性都很好的材质，纯棉质地的茶巾吸水后手感很差，反而不适合。

叠茶巾的方法

厚茶巾：将茶巾纵向等分三段，先后向内对折；再横向等分三段重复以上过程。

薄茶巾：将茶巾纵向等分四段，先后向内对折；再横向等分四段重复以上过程。

茶道六用

茶筒和放在茶筒里的茶夹、茶漏、茶匙、茶则、茶针，称为茶道六用，因为其“不争”的品性，又称为茶道六君子。

茶道六用的材质多为木料，价格除了和工艺有关以外，和木材也有很大关系。

取放茶道六用时，不可手持或触摸到用具接触茶的部位，茶道六用的作用是让泡茶更方便，不是每次泡茶都要用上。

茶则：茶则看起来像我们平时使用的汤勺，它的功能也像勺子一样，把茶叶从储存器具中盛到茶壶当中，同时还有计量的作用。使用方法是将茶叶罐倾斜，靠近杯口，用茶则从里面量取茶叶。

茶漏：茶漏看起来像个下沿比较宽的漏斗，它的作用和漏斗也差不多，用来放在茶壶口上，这样放茶叶的时候茶叶就不容易散落在外面，茶漏不是每次都必须要用的茶具。

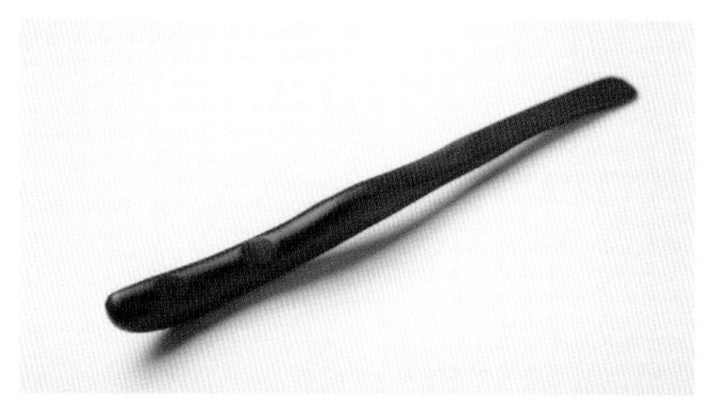

茶匙：茶匙的外表看起来像很小的汤匙，它的功能也是把茶叶从容器当中转移到茶壶中。一些时候不方便用茶则，如小的真空包装，就使用茶匙。茶匙可用来清理附着在茶壶底部的茶叶。

茶夹：茶夹的作用主要是夹取茶杯，具体的使用方法一是温杯的时候夹住茶杯，让热水浸润整个杯子，二是客人品完茶以后不能直接用手拿杯子，而要用茶夹把杯子取回来。

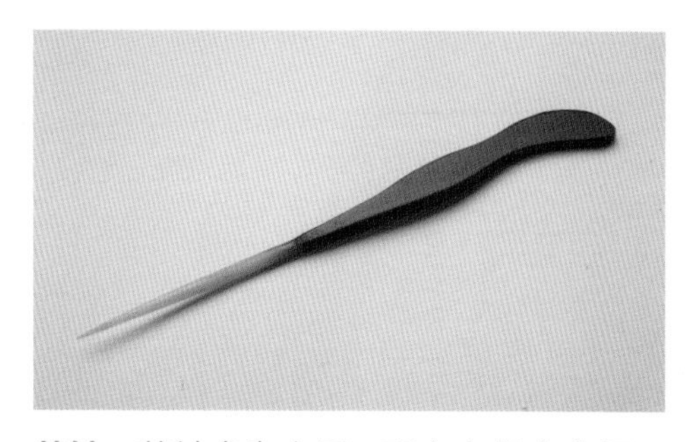

茶针：茶针多为木质，现在有很多木柄、尖端为聚酯材料制成的茶针。有时候茶壶的壶嘴会被茶叶堵上，这时候可以用茶针来清理。

茶筒：茶筒的功能就是用来放上述几种茶具，茶筒多为木质或竹质，观赏性很强。茶具放回茶筒前，也要先冲洗，再用茶巾擦干净。

闻香杯

闻香杯一般只在欣赏茶艺或者品饮高级名茶的时候才出现，用来嗅闻杯底留香的器具，与品茗杯配套，质地相同，加一茶托则为一套闻香组杯。

闻香杯多为圆柱体，也有其他形状的，比较小巧。

瓷质闻香杯为佳，因为和茶壶茶杯不同，闻香杯是用来闻茶香的，用紫砂的话，香气会被吸附在紫砂里面，所以瓷质的闻香杯最好。

有人喜欢紫砂或者陶质的闻香杯，在选择的时候，也要选择内部有釉面的。闻香杯通常与品茗杯、杯托一起使用，几乎不单独使用。但有的茶具店会把单件的闻香杯放在茶桌上，起装饰效果。

闻香：将闻香杯的茶汤倒入品茗杯后，双手持闻香杯闻香，或双手搓动闻香杯闻香。

茶荷

茶荷有两种功能，一是赏干茶，二是取茶入壶。爱茶之人，欣赏茶叶不仅是看叶底，干茶也有其值得赏玩的地方，用来欣赏干茶的器具就是茶荷。欣赏完以后，又可以充当茶则、茶漏，取茶入壶。

茶荷以瓷质为主，也有竹、木、石、玉等多种材质，本身就是一种艺术品，观赏性很强。茶荷有多种形状，最多的还是有一个较细开口的形状，方便向茶壶中倒茶叶。

请客人赏茶时，把茶荷置于虎口处拿稳，另外一手托住底部，手放低，请客人赏茶。

拿取茶叶时，注意手不要和茶荷的缺口部位接触。

如果没有茶荷，可以用其他干净的小开口容器代替茶荷使用，如小碟子等。

茶玩

茶玩又名茶趣具、茶宠，顾名思义，就是为了给泡茶增添乐趣，可以装点美化茶桌。

从形象上看，茶玩有人物类的，如小孩、弥勒佛等；有动物类的，如老鼠、金鱼等；有建筑类的，如宝塔等；还有一些吉祥神兽类的，如貔貅、麒麟等，根据个人的喜好，可以选择不同的茶玩。

茶玩基本都是紫砂陶制作的，所以和紫砂壶一样，茶玩也需要“养”的，茶玩用茶汤滋养的时间越长，表面越润泽光滑。

杯托

和平时用的大杯子的杯托不同，茶艺中的杯托主要是起垫子的作用，一是防止闻香杯或品茗杯的底部磨损，二是防止茶汤溅到桌子上。

杯托有套杯和普通两种，成套的一般和茶杯或闻香杯同一材质，图案、颜色相合，普通的则可以根据个人的喜好随意搭配。

普洱刀

普洱刀又名茶刀，用来撬取紧压茶的茶叶，在普洱茶中最常用到，是冲泡紧压茶时的专用器具。

先将茶刀横插进茶饼中，用力慢慢向上撬起，用拇指按住撬起的茶叶取茶。紧压茶一般较紧，撬取茶叶时要小心，以免茶刀伤到手。

壶承

壶承是专门放置茶壶的器具。可以承接壶里溅出的沸水，让茶桌保持干净。壶承有紫砂、陶、瓷等质地，与相同材质的壶配套使用，也可随意组合。壶承有单层和双层 2 种，多数为圆形或增加了一些装饰变化的圆形。壶承在泡茶时候用到的并不多，一般都是喝完茶以后放起来才用到，和储藏架的功能类似。

盖置

又名盖托，顾名思义就是泡茶过程中用来放置壶盖的器具，可以防止壶盖直接与茶桌接触，减少壶盖磨损。盖置不是必须用的茶具。

紫砂壶的壶盖是比较紧密的，长时间轻微摩擦会导致紫砂壶的紧密性减弱。盖置款式多种多样，有紫砂木桩、小莲花台、瓷质小盘等造型。

使用较好的紫砂壶时，如果没有盖置，可以将壶盖倒放或者放在软一点的杯托上。

废水桶

泡茶过程中，用来贮放废水、茶渣的器具即“废水桶”，一般为竹、木、塑料、不锈钢等材质。

废水桶多与没有出水盒的茶盘搭配使用，茶盘下配有导管连接废水桶，注意连接紧密不要漏水。

废水桶一般放在茶桌底下客人看不到的地方，不要放在明处，废水桶只用来盛茶渣和废茶汤，不要当普通的垃圾桶来用。要注意清理废水桶里的废水，以免遗留茶渍。

水盂

水盂又名茶盂、废水盂，用来贮放泡茶过程中的沸水、茶渣。其功用相当于废水桶、茶盘储水盒，多为瓷质或陶质。

水盂的优点是美观方便，缺点是水盂容积小，需要及时清理废水。

细赏紫砂壶

茶人爱紫砂

制陶、制瓷的好土千百种，为什么只有紫砂壶一枝独秀，获得茶人们的青睐呢？宜兴的紫砂壶之所以受到茶人的喜爱，一方面是由于其造型美观、风格多样；另一方面也由于它在泡茶时的许多优点。

紫砂壶不仅可以蕴茶香，反过来，茶汤又可以养壶。经过长时间的使用，紫砂壶不断吸收茶汁，泡出来的茶会越来越香，紫砂壶本身的色泽也会越来越润泽光亮。所以，对于上品的紫砂壶，最好只冲泡同一种或同一类的茶，不同类的茶味混合，反而不美。

紫砂壶的冷热稳定性极好，甚至可以直接放在火上煮茶，新买的紫砂壶和长时间不用的紫砂壶难免有异味，只需用热水清洗两遍，异味就会无影无踪。

紫砂土独特的双球结构使做出来的紫砂壶具有良好的透气性，用来泡茶，既不夺茶香，又没有熟汤味，使茶汤可以长久地保持原味。一般的壶，茶汤存放超过一天就会变质发酸，而紫砂壶里的茶汤，放上两天依然芳香依旧。

紫砂壶长久使用，器身会因抚摸擦拭变得越发光润可爱，气韵温雅。

壶身一般呈球形或扁形，扁形适合冲泡条形茶，球形则适合冲泡卷曲成团比较蓬松的茶叶。
壶把和壶纽虽然有各种形状或造型，但是选择的唯一标准就是好拿。
流就是我们平时说的壶嘴，一般都比较短。
气孔的作用是使内外气压一致，从而使出水通畅。

如何选购紫砂壶

看是否是真的紫砂泥制作的紫砂壶，第一就是看泥质。不论它是哪种泥色，都应具有纯净温润的感觉，而且看上去色泽鲜洁。泥质有高低之分，高与低包括泥料本来的产地、颜色与质量。好的紫砂泥因具有“色不艳、质不腻”的显著特性，所以，选购紫砂壶应就紫砂泥的良莠加以考量。

试壶纽是否好拿

壶纽的作用是为了拿取壶盖方便，按形状可分为圆纽、环纽、菌纽、桃纽、竹节纽、花式纽等，也有一些别致的动物壶纽，如虎纽、狮纽、鱼纽等。不管外形如何，起码的要求是好拿。所以买壶的时候最好亲手试一下，壶纽是不是顺手。

看壶盖是否紧凑

一手持壶，一手轻轻按住壶盖旋转，好壶会稍有吃力，但用力均匀，如果感到时紧时松或根本不着力，说明壶盖和壶的接触有问题。方形紫砂壶和筋纹紫砂壶，从各个方向盖下壶盖，都能和颈肩吻合。

听声音是否清脆

把壶身托在手心，用壶纽轻轻敲打壶身，声音清脆说明壶身是一个严实紧密的整体，如果暗哑则可能有内伤。仔细观察壶盖上的小通气孔是否通畅。

拿壶把是否舒适

紫砂壶的壶把有横把、端把或提把，不同形状的壶把要和壶身、壶嘴相对应，但无论如何，最终的目的只有一个：好拿好用。

看底足是否平整

把壶放在玻璃面上或平整的桌面看是否平稳。

闻是否有异味

新的紫砂壶闻起来会有一点土气味，如果闻起来有油漆味或者其他气味，说明陶土中添加了化学成分，不宜购买。

摸壶身是否有瑕疵

用手抚摩，感觉壶身是不是有肉眼不易察觉的瑕疵。

试出水是否顺畅

在壶中倒入约 3/4 的热水，然后向外倒，一直彻底倒空。这时会发现，水流出来一段距离以后水柱会散开，而水柱未散的集束段越长越好。

给茶挑把合适的壶

紫砂壶的壶型不同，适合泡茶的品种也不同，最常见的紫砂壶又称为标准罐，是一种圆形壶。

圆形壶泡乌龙

乌龙茶的茶叶一般膨起，而且多呈卷球状，圆形壶提供了足够的空间，可以让半球状的茶叶完全舒展。圆形壶泡乌龙注水之后，圆形的内壁可以让水在茶壶里顺流而转，更能温润地将水与茶叶紧密结合，有利发茶。

扁形壶泡条形茶

比如条状的武夷岩茶，放入扁形壶，可以沉稳地沉在壶里。倒水的时候，由于扁形壶壶壁较窄，水流有了自然的缓冲，加之壶内空间狭小，茶叶更容易浸润在水里，正好给了武夷岩茶发挥精华的所在。

方形壶观赏大于实用

方形壶外观上十分引人注目，但是因为内部棱角分明，使茶叶不易滚动，水流容易被阻塞。所以方形壶的观赏性大于其实用性，这也是为什么市场上其他形状的紫砂壶大行其道而方型壶乏人问津的原因。

茶不同，壶相异

泡乌龙的茶壶不宜再泡普洱，泡铁观音的壶不宜再来泡文山包种，即使同是乌龙茶，因品种不同，最好也用不同的茶壶。一般来说，茶馆、茶铺等茶所，基本都是一茶一壶。

家庭用壶，两把足矣

虽然茶不同，壶相异，但是个人饮茶，一般只偏好一种或几种。所以，从养壶和焙茶的茶路来考虑，两把壶就足够了。如果以收藏为乐，当然是越多越精越好。

紫砂壶的简单养护

养壶，心急不得，所以要先养心。壶如人，如人一样的简单，也如人一样的复杂。你对它的态度与方式正确了，它会不辱使命，为你奉上一泡好茶；而你不小心疏忽了，没有照顾好，它也能糟蹋了你的雅兴。就像紫砂壶，它的透气性和发茶性决定了它比其他壶更需要精心养护。

新壶去土味

一般质量好的紫砂壶并没有什么土味，但是仍需要先用温水洗壶，然后注入沸水，一分钟后倒出热水倒入冷水，如此反复，让新壶充分地“呼吸”，完全激活新壶的透气性。

饮后洁壶

喝完茶，要倒净壶中的茶汤和茶叶，用软毛刷清理后，再倒一遍热水，用茶巾擦干净壶内外残留的茶汤，待壶表面水分晾干后收起来。

手润壶

洗干净手，泡好一壶茶，用茶巾擦干，然后一边用手把玩，一边直接用壶品茶。平日不喝茶的时候也可以把玩紫砂壶，天长日久，手上的油脂就会浸润在紫砂壶的陶土中，看起来更加圆润、有光泽。

泡茶时，第一道茶汤先倒入公道杯，然后均匀地淋在紫砂壶上。

随时用软毛刷刷掉茶壶上可能沾的茶叶。

品茶时，公道杯里剩下的茶汤均可淋在紫砂壶上。

紫砂最怕油污

买回来的旧紫砂壶，或者家里搁置很久的紫砂壶，养护之前要反复用开水清洗，把壶内外的蜡、油、污、茶垢等清除干净。注意，只能用清水来洗，不要用任何化学药剂，比如洗洁精甚至洗衣粉等。反复洗液洗不掉的顽固污渍可以用纱布沾酒精擦洗，但需要马上用清水把酒精味彻底洗干净。

紫砂壶最怕油污，不小心沾上油污，要马上清洗，时间一长，被壶身吸收进去，会出现难看的斑点，想洗掉就不容易了。如果油污时间较长，已经在壶上留下痕迹了，可用手润壶的方法，用手摩挲一段时间痕迹就会消失了。

一把紫砂壶只泡一种茶

不同的茶有不同的茶香，即使同一种茶因为品质不同、产地不同也有不同的香味，用紫砂壶泡不同的茶，这些茶味就会都进入到紫砂壶中，导致“串味”，所以一把紫砂壶最好只泡一种茶。

茶汤养壶，贵在持之以恒

泡茶次数越多，壶吸收的茶汁就越多，土胎吸收到某一程度，就会透到壶表发出润泽如玉的光芒。一把紫砂壶，最好每天或者隔个一两天就用一下。如果因为出差或者其他原因要数周不用，那走之前要洗净晾干，回来使用前注满开水，稍晃数下倾出，然后没入凉水中，异味可除，若一次不行，可反复2~3次。

壶也要劳逸结合

壶和人一样，时间长了也需要休息。紫砂壶用来泡茶、养护一段时间以后，陶土中吸收的茶汤已经到了极限，再也吸收不到多少茶汤了，这时候需要把茶壶擦干净，让它“休息”两天，等到陶土彻底自然干燥，再拿来继续冲泡，这样壶才可以继续吸收，表面才会更润泽。

紫砂壶的简单分类

按年代粗分

老壶：清代及清代以前生产的紫砂壶。

新壶：清代以后生产的紫砂壶。

按年代细分

古壶：辛亥革命（1911）之前制作的紫砂壶。

民初壶：民国时期（1912~1949）制作的紫砂壶。

早期壶：新中国成立早期（1949~1982）制作的紫砂壶。

当代壶：1982年以后制作的紫砂壶。

按功用和精致程度细分

粗器：制作工艺一般，只能用来做日常泡茶用。

雅器：制作工艺细致，既能泡茶，又能收藏、把玩。

按制作者细分

陶人壶：纯粹由陶匠设计制作的壶。

文人壶：由文人亲自题诗绘画、书写篆刻，集“诗”“书”“画”“印”为一体，具有文化情调和高雅的赏玩趣味。

明清制壶名家

明代

金沙寺僧	李仲芳	沈君用	承云从	梁小玉
供春	陈仲美	徐令音	周季山	蒋时英
元畅	欧正春	徐展	徐次京	邵二孙
时朋	邵文金	陈子畦	陈用卿	闵贤
董翰	邵文银	陈光甫	惠孟臣	项子京
赵梁	邵盖	沈君盛	沈子澈	陈煌图
李茂林	陈信卿	项真	项圣思	
时大彬	陈正明	陈和之	邵旭茂	
徐友泉	闵鲁生	陈挺生	陈辰	

清代

王友兰	继长	郑宁候	杨季初	蒋祯祥
华凤翔	徐飞龙	冯彩霞	朱坚	陈介溪
陈鸣远	汉珍	邵大亨	赵松亭	邵基祖
袁郁龙	王南林	申锡	瞿子冶	张怀仁
金士恒	阳友兰	蒋德林	陈伯芳	江案卿
许龙文	杨履乾	何心舟	朱石梅	吴月亭
陈汉文	邵盘珍	文旦	邵行然	圣和
范章恩	萼圃	范鼎甫	范勤芬	师蠡阁
惠逸公	杨彭年	古莲子	张春芬	思亭
潘大和	杨凤年	矿成	吴大澄	柏原
陈鸿寿	瞿应绍	邓奎	汪淮	黄彭年
壶痴	葛子厚	梅调鼎	周永福	谦六
范庄农家	杨宝年	潘虔荣	王东石	潘仕成
味清老人	邵大赦	邵梭根	陈光明	邵陆大
元茂	吴玉亭	邵维新	方曾三	汪生义
许伯俊	邵景南	史维高	杨继光	

瓷都景德镇

提起瓷器，人们马上会想到的就是中国“瓷都”景德镇，中国的英文名称“CHINA”的小写就是“瓷器”的意思。“CHINA”的英文发音源自景德镇的历史名称“昌南”，也彰显了景德镇瓷器在世界上的影响和地位。

1800 多年的烧瓷历史

景德镇从汉朝开始烧制陶器，距今 1800 多年；从东晋开始烧制瓷器，距今 1600 多年。

中国瓷器的集大成者

景德镇瓷器造型优美、品种繁多、装饰丰富、风格独特，以“白如玉，明如镜，薄如纸，声如磬”的独特风格蜚声海内外。青花、玲珑、粉彩、色釉，合称景德镇四大传统名瓷。很多有名的瓷窑现在的发展重心都在景德镇。

中国的陶瓷文化中心

景德镇拥有目前中国唯一一所陶瓷大学——景德镇陶瓷学院，其他陶瓷职业学校全都集中在景德镇，超过一半的国家级制瓷工艺美术师也在景德镇。可以说，世界陶瓷在中国，中国陶瓷在景德。

当代十大名瓷

中国评选出了当代十大名瓷，除了宜兴紫砂属于陶器以外，其他9家都是瓷器，分别为：钧瓷、定瓷、汝瓷、龙泉瓷、耀州瓷、德化瓷、潮州瓷、珐琅瓷、法蓝瓷。

钧瓷——艳丽的彩瓷

钧窑在古代钧州境内（今河南禹县），因而得名。钧窑是宋代五大名窑之一，创烧于唐代，经历宋金至元代。境内有窑地近一百处，唐代已烧黑釉带斑点器物，时称“花瓷”，对宋代紫红斑点装饰有直接影响。宋代首创釉中加入适当铜金属，烧成玫瑰紫、海棠红等紫红色釉，美如晚霞。北宋后期，专为宫廷烧制供养植奇花异草用的各式花盆与盆托。

钧窑瓷属于青瓷，是中国现代著名瓷质茶具产地之一。青瓷茶具适用性较广，适合冲泡各种茶叶。

定瓷——白瓷之王

定窑在定州境内（今河北曲阳涧磁、燕川等村），故名。是我国宋代五大名窑之一，定窑一开始是民窑，到北宋时期开始变成官窑。

定窑产品以白瓷为主，也烧制酱、红、黑等其他名贵品种，如黑瓷（黑定）、紫釉（紫定）、绿釉（绿定）、红釉（红定）等，烧制时都是在白瓷胎上罩上一层高温色釉。元朝刘祁的《归潜志》说，“定州花瓷瓯，颜色天下白”。可见，定窑器在当时不仅深受人们喜爱，而且产量较大。

定窑对全国瓷器业的发展贡献重大，后来定窑一部分工艺师南下到景德镇，对景德镇的发展影响很大，所以有“北定”和“南定”之称。

定窑瓷多为白瓷，白瓷茶具一般用来冲泡发酵程度较低的茶，尤其是绿茶，可以凸显出绿茶的茶汤颜色。

汝瓷——青如天、面如玉，中国第一

汝窑在汝州境内（今河南临汝），故名。是宋代五大名窑之一。它有两部分，其一于北宋后期被官府指定为宫廷烧制御用瓷器。其釉滋润，天青色，薄胎，底有细小支钉痕。宋人评青瓷以汝窑为首位，明清两代品评宋代五大名窑时，也列汝窑为第一。名瓷之首，汝窑为魁。汝窑的工匠，以名贵的玛瑙入釉，烧成了具有“青如天，面如玉，蝉翼纹，晨星稀，芝麻支钉釉满足”典型特色的汝瓷。

汝窑瓷属于青瓷，是中国现代著名瓷质茶具产地之一，青瓷茶具适用性较广，适合冲泡各种茶叶。

龙泉瓷——莹润如玉，时代感鲜明

龙泉窑因在浙江省龙泉市而得名。它开创于三国两晋，结束于清代，生产瓷器的历史长达1600多年，是中国制瓷历史上最长的一个瓷窑系。和其他窑不同，每一个时期龙泉窑瓷都有非常鲜明的特色。到1956年龙泉窑才重新恢复生产，现在龙泉窑生产的瓷器风格主要以北宋时期的青瓷为主。龙泉窑瓷属于青瓷，青瓷茶具适用性较广，适合冲泡各种茶叶。

耀州瓷——北方青瓷代表

耀州窑在今陕西省铜川市的黄堡镇，唐宋时属耀州治，故名耀州窑。该窑唐代开始烧陶瓷，经五代、宋、金、元几朝。早期唐时主要烧制黑釉、白釉、青釉、茶叶末釉和白釉绿彩、褐彩、黑彩以及三彩陶器等。

宋朝以后以烧青瓷为主。北宋是耀州窑的鼎盛时期，据记载且为朝廷烧造“贡瓷”，成为我国“六大窑系”中最大的一个，其产品则成为北方青瓷的代表。耀州窑瓷属于青瓷，青瓷茶具适用性较广，适合冲泡各种茶叶。

德化窑——享誉世界的青白瓷和青花瓷

德化窑因在今福建德化而得名，是福建沿海地区古外销瓷重要产地之一，因为其优越的地理位置，其产品是中国古代在世界上传播最广的瓷器之一。德化窑自宋元时起，就始终以市场为导向，以瓷为媒，漂洋过海，把优秀的中国陶瓷文化传播到世界各地。元代意大利旅行家马可·波罗曾到达泉州港，在游记中提到“并知刺桐城附近有一别城，名称迪云州（音译为德化戴云），制造碗及瓷器，既多且美。”德化窑产出多为青白瓷和青花瓷，最宜冲泡花茶，也可冲泡绿茶、黄茶等轻发酵茶。

潮州瓷——青瓷之祖

潮州窑在今广东省潮安县，该地唐宋时属潮州，故称潮州窑。该窑始于唐代，经宋而终于元。主要烧制青白瓷、青瓷、黑釉瓷和黄釉瓷。潮州是中国青瓷的发源地之一。潮州窑瓷属于青瓷，青瓷茶具适用性较广，适合冲泡各种茶叶。

珐琅瓷——景泰蓝工艺产生的新贵

珐琅瓷是由景泰蓝演变而来。景泰蓝是铜胎上珐琅釉而成，若改为瓷胎上珐琅釉则叫珐琅彩。

珐琅彩产生于清康熙年间，珐琅彩的制作是由景德镇烧制的上好素白瓷送进宫中，再由宫中画上珐琅彩釉烘烤而成。画工技艺高超，加工水平严格控制，如有缺陷即刻打碎处理。由于珐琅彩器是专供宫廷皇室玩赏之用，不得向外流失，故而数量极少。现在的珐琅瓷主要产于瓷都景德镇。

珐琅瓷属于彩绘白瓷，珐琅瓷茶具的观赏价值极高，实用价值相对差了一些，多用作礼品或在茶馆中使用，家庭泡茶用的较少。

法蓝瓷——现代台湾名瓷

现代台湾的瓷器在大陆非常受欢迎，最受大家喜爱的是其天马行空的创意和纯手工的工艺。法蓝瓷是现代台湾瓷器的代表，造型多变，美轮美奂。法兰瓷制作的瓷器多属于白瓷，现代感十足，和同样现代感十足的红茶配合相得益彰。

第二章

学泡茶 赏名茶

学泡茶，不仅仅是学冲泡技巧，更是在泡茶的过程中得到人生真味。名山、名水、名茶溶于一壶，书香、茶香汇于一室。

绿茶

六大茶类中，只有绿茶是没有经过发酵的，所以很好地保存了新鲜茶叶的天然物质，其中茶多酚、咖啡碱保留了鲜叶的85%以上，叶绿素保留50%左右，维生素损失也较少，从而形成了绿茶“清汤绿叶，滋味收敛性强”的特点。

中国名茶中占据半壁江山

在中国茶中，绿茶的名品最多，但凡略有名气的茶品，绿茶占一半以上。

茶香形更美

香味虽清淡，但悠长久远，香味内敛，适合细品。绿茶之美，在其香，更在其形，几乎每一种名贵绿茶在水中都有其独特的造型，所以欣赏茶叶在水中的“美型”，是品饮绿茶最重要的环节之一。

怕“烫”的娇嫩茶

绿茶非常鲜嫩，所以冲泡绿茶不能用开水，否则会把叶片烫伤，里面的维生素等有效成分被破坏，也会影响口感，可以将水烧开后稍等3~5分钟，水温达到85℃左右即可冲泡。绿茶多不耐冲泡，一般2~3泡就变淡了。

适合冲泡绿茶的茶具

因为要欣赏绿茶在水中的“茶舞”，所以绿茶选器，以玻璃杯为上品。另外细瓷盖碗和细瓷杯也能较好地展现出绿茶的特点。

玻璃杯冲泡绿茶

冲泡难易度：★★★

三种投茶法的选择和使用

绿茶等特别细嫩的茶叶是不能闷泡的，一般都是用敞口的器具冲泡，水温也不能太高。为了更好地发挥茶性和欣赏茶舞，一般用投茶法来冲泡绿茶。投法泡茶不仅跟茶叶的鲜嫩程度有关，跟品茶季节也有关系，冬天气温低，一般采用下投法，茶叶可以尽快泡好；反之，夏天采取上投法，春秋采取中投法。当然也和个人习惯有关，不必强求。

上投法：将准备好的 85℃左右的热水倒入玻璃杯中至七分满，将茶叶撒入杯中，等茶叶泡开即可饮用。上投法适合最鲜嫩的绿茶。

中投法：将 85℃左右的热水倒进玻璃杯至三分满，将茶叶撒入后约 15 秒，再将水倒至七分满，等茶叶泡开即可饮用。

下投法：先投茶，然后把热水倒至七分满，等茶泡开即可。下投法适合条索舒展的绿茶。

备具：玻璃杯、茶荷、茶道六用、水盂。

备水：将水烧沸，待水温降到 85℃左右备用。

备茶：将适量绿茶拨入茶荷中。

温杯：向玻璃杯中倒入少量热水。双手拿杯底，慢转杯身使杯的上下温度一致，然后将水倒入水盂里。

投茶：用茶匙把茶叶轻轻拨入玻璃杯中。

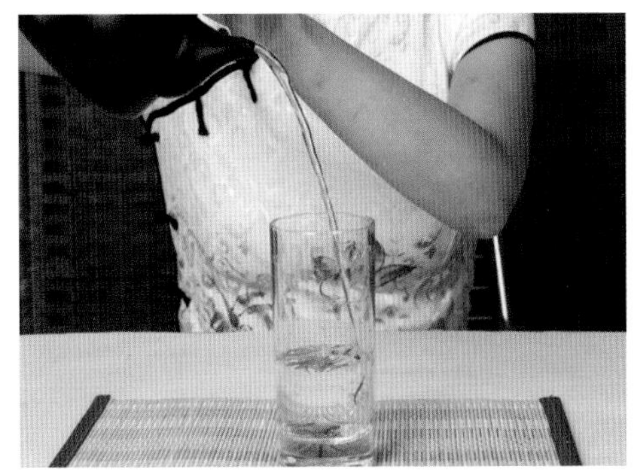

冲水：直接冲水入杯至七分满。

赏茶舞：赏茶舞是欣赏茶叶吸水后渐渐落下的过程。

品茶

盖碗冲泡绿茶

冲泡难易度：★★★

备具：盖碗、茶道六用、茶荷、水盂。

备水：将水烧沸，待水温降到 85℃左右备用。

备茶：用茶则盛取适量茶叶。

温杯：盖碗盖倒着斜放进盖碗，倒少量热水，杯身和杯盖都应该温烫到。

投茶：将茶荷中的绿茶轻轻拨入盖碗中。

温润泡：向盖碗中倒入少量热水，让茶叶浸润，10 秒钟左右即可。

冲泡：高冲水至七分满，盖好杯盖。

品茶：一手持杯托，一手扶杯盖，用杯盖刮去茶汤表面的浮沫，然后饮用。

名茶鉴赏

西湖龙井

外形：扁平光滑，挺秀尖削，均匀整齐

色泽：翠绿鲜活

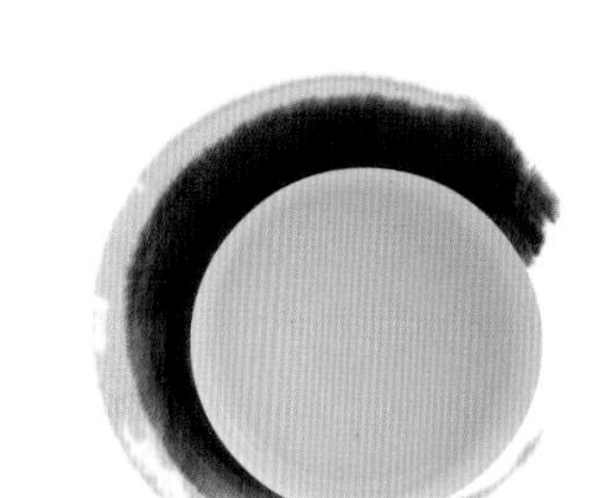

香气：鲜纯嫩香，清醇持久滋味：鲜醇甘爽

汤色：嫩绿，清澈明亮

叶底：均匀完整，富有弹性

香茗远播

龙井茶仅产于西湖周边160平方公里的地方。在这个小区域内，又有四个地方的龙井茶品质最好，分别是狮峰山、龙井村、云栖寺、虎跑泉周围。民国后期梅家坞产的龙井也大放异彩，所以人们在“狮、龙、云、虎”的基础上又加了一个“梅”，就作为龙井茶的一个新标志流传下来。

龙井茶，最珍贵的就是清明前采摘的，因为清明前，茶树刚发芽，此时采摘极为鲜嫩，而且量很小。传说古时的明前龙井必须由未结婚的姑娘用双唇采下，这也给明前龙井增添了不少香艳的色彩。即使是现在，明前茶采摘也有很多规矩。

明前茶，嫩芽初迸状似莲心，故称“莲心”；谷雨之前采摘的茶又叫雨前茶，量比较大，其形似旗，茶芽稍长，其形如枪，故又称之为“旗枪”；立夏之前采三春茶，茶芽旁有附叶两瓣，两叶一芽，形似雀舌，称为“雀舌”。旗枪和雀舌是我们经常能买到的。至于以后采摘的，就是品质较低的茶叶了。

茶韵悠长

西湖龙井茶有四绝：色绿、香郁、味甘、形美。再配合当地名泉虎跑泉，水美茶更美，去西湖旅游的游客都免不了喝一杯虎跑泉冲泡的龙井茶，才算不虚此行。

辨茶有方

因为西湖龙井产量低、价格高，所以浙江其他地方的龙井茶往往会冒充西湖龙井来获得高利润，略懂茶的茶友们买到的假西湖龙井多是浙江龙井。

掂重量

西湖龙井入手感觉发沉，浙江龙井发轻。

闻香味

西湖龙井的香味清新，浙江龙井则略微醇厚，品质差的龙井还带有机器炒制的火工味。

品茶汤

西湖龙井的茶汤颜色较浅，入口几乎没有任何苦涩的味道，清香中带回甘。浙江龙井则颜色稍深，尝之略带苦涩。

看叶底

西湖龙井泡过后茶叶看起来跟新采的一样，浙江龙井则叶子发软。

看价格

每年西湖龙井的价格基本在一个固定的区间，买品质好的西湖龙井最好事先对价格有所了解。浙江龙井的冒充品则至少比正品便宜 50% 甚至更多。所以，不要因为贪小便宜而买到假茶。

洞庭碧螺春

外形：条索纤细，茸毛遍布，卷曲如螺

色泽：银白隐翠

香气：浓郁甘醇

滋味：鲜爽生津，回味绵长

汤色：清澈明亮

叶底：嫩绿显翠

香茗远播

碧螺春在早期被一些茶人所知晓，但是远没有现在这样有名，是因为它原来的名字比较粗俗。传说当时有一个尼姑从山上无意间采下一点茶叶，泡好以后奇香扑鼻，尼姑捂着胸口喊："好香，吓煞人了，吓煞人了。"于是这种茶就被人们口口相传为"吓煞人香"。这样，虽然这种茶叶非常好，就是因为名字，一直没有传播开来。

后来清朝康熙皇帝下江南，喝到了这种茶，大赞，可是知道名字以后觉得不雅，看茶叶卷曲如螺，汤色碧绿，于是赐名"碧螺春"，并且规定年年要进贡，从此洞庭碧螺春天下闻名。

早采嫩采是碧螺春的一大特点，当新芽初展一芽一叶就要及时采下。高级碧螺春，不但外形美观，而且品质优异。前人有诗赞曰：

从来隽物有嘉名，物以名传愈自珍。
梅盛每称香雪海，茶尖争说碧螺春。
已知焙制传三地，喜得揄扬到上京。
吓煞人香原夸语，还须早摘趁春分。

茶韵悠长

洞庭碧螺春也是中国十大名茶之一，属于绿茶。因为产于江苏省苏州市太湖洞庭山，太湖水面水气升腾，雾气悠悠，空气湿润，土壤呈微酸性或酸性，质地疏松，极宜于茶树生长，又由于茶树与果树间种，所以碧螺春茶叶具有特殊的花果香味。

辨茶有方

正宗洞庭碧螺春香气浓烈，清香中带花果香。其他碧螺春因为是新茶，也有一点香气，但没有清香和果香，有青草气。

正宗洞庭碧螺春喝到口中很顺口，有一种甘甜、清凉、味醇的感觉，有回味。其他碧螺春喝到口中有涩、凉、苦、淡的感觉，无回味，还有青叶味。

正宗洞庭碧螺春具有卷曲如螺、茸毛遍体、银绿隐翠三个特征，假茶多不完全具备这些特点。

黄山毛峰

外形：匀齐壮实，形如雀舌

色泽：象牙色，鱼叶金黄

香气：清香持久

滋味：鲜爽回甘

汤色：嫩绿明亮

叶底：绿亮匀整

香茗远播

黄山盛产茶。黄山除了具备一般茶区的气候湿润、土壤松软、排水通畅等自然条件外，还兼有山高谷深、溪多泉清、湿度大、岩峭坡陡能蔽日、林木葱茏水土好等自身特点。“晴时早晚遍地雾，阴雨成天满山云”，黄山常常云雾缥缈。

黄山独特的气候环境，为茶树提供了非常好的生长条件。上等黄山毛峰一般在清明前后开始采摘，茶农们只采鲜嫩的芽头。为保鲜香，人们上午采摘下午制，下午采摘当夜制。采回来的鲜叶经短暂摊放后，高温杀青、理条炒制。加工后的成茶形如雀舌，多毫有峰。其中“金黄片”和“象牙色”是特级黄山毛峰与其他毛峰不同的两大明显特征。

茶韵悠长

黄山毛峰高档茶清香带花香，滋味醇厚；中档茶清香或略鲜爽，滋味醇和；低档茶香气纯正。

辨茶有方

高档茶的外形芽多且肥，呈全芽或者一芽二叶，色泽嫩黄绿带金黄；中档茶一芽二三叶，芽叶较肥，色泽黄绿，略带金黄；低档茶以细瘦的一芽三叶为主，色泽呈青绿或深绿色。

六安瓜片

外形：形似瓜子

色泽：莹绿碧然

香气：清香高爽

滋味：醇厚回甘

汤色：清澈晶亮

叶底：绿嫩明亮

香茗远播

六安早在秦汉时期就有产茶的历史，唐宋时期就已经非常有名了，到了明清时期，六安茶有300多年的贡茶历史。

明代科学家徐光启在其著《农政全书》里称“六安州之片茶，为茶之极品”；明代李东阳、萧显、李士实3位名士在《咏六安茶》中也多次提及，曰：“七碗清风自六安”“陆羽旧经遗上品”，予以六安瓜片很高的评价。

茶韵悠长

六安瓜片是绿茶中发酵程度稍重一点的，应用开水冲泡，在云雾蒸腾中更显茶香、茶韵。六安瓜片较一般绿茶耐冲泡，第二泡的口感最好。

辨茶有方

六安瓜片的干茶评赏可通过色、香、味、形来判断：

望色：铁青（深度青色）透翠，老嫩、色泽一致，可见烘制到位。

闻香：具备清香透鼻的香气，有如烧板栗那种香味或幽香的为上乘；有青草味的，说明炒制功夫欠缺。

嚼味：具备头苦尾甜、苦中透甜味觉，略用清水漱口后有一种清爽甜润的感觉。

观形：片卷顺直、长短相近、粗细匀称的条形，说明炒功到位。

蒙顶甘露

外形：形状纤细，叶整芽全，身披银毫

色泽：嫩绿色润

香气：香气馥郁，芬芳鲜嫩

滋味：味醇而甘

汤色：汤色黄碧，清澈明亮

叶底：匀整，嫩绿鲜亮

香茗远播

蒙顶甘露是中国最古老的名茶，被尊为茶中故旧、名茶先驱。蒙顶甘露是蒙顶山系列名茶之一，“甘露”之意，一是西汉年号；二是梵语中念祖之意；三则是茶汤滋味鲜醇如甘露。

“扬子江中水，蒙顶山上茶”，蒙顶茶是中国历史最悠久、最著名的绿茶，产于地跨四川省名山、雅安两县的蒙山，相传蒙山种茶始于西汉末年，时名山人吴理真亲手种七株茶于上清峰，“灵茗之种，植于五峰之中，高不盈尺，不生不灭，迥异寻常”，当时被人们称为仙茶，吴理真也在宋代被封为甘露普慧妙济大师。

茶韵悠长

鲜——蒙顶甘露自古就以“鲜”闻名天下，从现在生化的角度来看，蒙顶山群体中的氨基酸含量高达 4.85%，在国内各大名优绿茶中含量算是很高的，特别是蒙顶的茶青，氨基酸含量要超过 5%。

嫩——蒙顶甘露带着一股春天气息的小草的味道。

醇——由于茶中氨基酸含量较高，相比较其他绿茶而言，蒙顶甘露口感更加醇和，略微带甜。

辨茶有方

高档茶的外形芽多且肥，呈全芽或者一芽二叶，色泽嫩黄绿带金黄；中档茶一芽二三叶，芽叶较肥，色泽黄绿，略带金黄片；低档茶以细瘦的一芽三叶为主，色泽呈青绿或深绿色。

太平猴魁

外形：扁展挺直，魁伟壮实

色泽：叶脉绿中隐红

香气：鲜灵高爽，有兰花香

滋味：鲜爽醇厚，回味甘甜

汤色：嫩绿明亮

叶底：嫩匀成朵

香茗远播

太平猴魁，属绿茶类尖茶，是中国历史名茶，创制于1900年。曾出现在非官方评选的“十大名茶”系列中。太平猴魁产于安徽省黄山市北麓的黄山区（原太平县）新明、龙门、三口一带。

茶韵悠长

太平猴魁具有清汤质绿、水色明、香气浓、滋味醇、回味甜的优秀特征，是尖茶中最好的一种。太平猴魁有“猴魁两头尖，不散不翘不卷边”之称。猴魁茶包括猴魁、魁尖、尖茶3个品类，以猴魁最好，叶色苍绿匀润，叶脉绿中隐红，俗称“红丝线”。在品饮时幽香扑鼻、醇厚爽口、回味无穷，可以体会到“头泡香高，二泡味浓，三泡四泡幽香犹存”的茶韵。

辨茶有方

太平猴魁的色、香、味、形独具一格，有“刀枪云集，龙飞凤舞”的特色。每朵茶都是两叶抱一芽，平扁挺直，不散、不翘、不曲，俗称“两刀一枪”。叶色苍绿匀润，叶脉绿中隐红，俗称“红丝线”。入杯冲泡后的太平猴魁，芽叶成朵，或悬或沉，在明澈嫩绿的茶汁之中，似乎有好些小猴子在对你搔首弄姿呢。

径山茶

外形：纤细苗秀，芽峰显露

色泽：绿润

香气：清幽

滋味：鲜浓爽口

汤色：黄绿明亮

叶底：嫩匀明亮

香茗远播

径山茶又名径山毛峰，产于浙江省余杭县西北境内的天目山东北峰的径山，因产地而得名。径山产茶历史悠久，始栽于唐，闻名于宋，其深厚的历史文化底蕴和浓郁的茶道色彩，赋予了其无穷的品味。

南宋的时候，日本佛教高僧圣一禅师、大应禅师渡洋来中国，在径山寺研究佛学。归国时带去径山茶籽和饮茶器皿，并把“抹茶”法及茶宴礼仪传入日本，成为现代日本茶道不可或缺的一部分。

由于各种原因，在清代的时候径山茶就停产了，一直到1978年才恢复生产，在省、市名茶评比会中曾连续三年蝉联冠军，荣获最佳名茶、全国名茶称号，并获得特别奖。

茶韵悠长

径山茶滋味甘醇爽口，内质有独特的板栗香且香气清香持久。

辨茶有方

径山茶的制作工艺要点为：鲜叶摊放、小锅杀青、微型揉捻、竹笼烘焙，密封贮藏。径山优美的生态环境决定了径山茶的优秀品质。径山茶外形细嫩紧结显毫，色泽绿翠，汤色嫩绿明亮，叶底嫩匀成朵。

安吉白茶

外形：挺直扁平，似兰花

色泽：色绿翠，白毫显露

香气：香气清雅

滋味：滋味鲜醇

汤色：清澈明亮

叶底：芽叶肥壮，嫩绿明亮成朵

香茗远播

安吉白茶是一种珍罕的变异茶种，属于“低温敏感型”茶叶。茶树产“白茶”时间很短，通常仅一个月左右。以原产地浙江安吉为例，春季因叶绿素缺失，在清明前萌发的嫩芽为白色。在谷雨前，色渐淡，多数呈玉白色。雨后至夏至前，逐渐转为白绿相间的花叶。至夏，芽叶恢复为全绿，与一般绿茶无异。正因为神奇的安吉白茶是在特定的白化期内采摘、加工和制作的，所以茶叶经冲泡后，其叶底也呈现玉白色，这是安吉白茶特有的性状。

茶韵悠长

安吉白茶其茶汤滋味鲜爽绵甜，丝毫没有苦涩。安吉白茶草木香型，香气淡雅幽远，有别于龙井的高香和碧螺春的花果芳香。

辨茶有方

安吉白茶是最难仿冒的一种茶叶，它的颜色是天然的白，而不是白毛衬托的，所以只要注意观察就能轻松鉴别。

听名字，很多人会觉得安吉白茶应该归属于白茶类，其实，“安吉白茶”名字中的“白茶”与中国六大茶类中的“白茶”是两个概念。它是采用安吉县特有的珍稀茶树品种——安吉白茶茶树幼嫩的芽叶，按照绿茶的加工工艺制作而成的绿茶。

庐山云雾

外形：条索紧结，饱满秀丽

色泽：嫩绿光滑，芽隐绿

香气：香气芬芳，高长

滋味：爽快，浓醇鲜甘

汤色：清澈明亮

叶底：嫩绿微黄

香茗远播

江西庐山，号称“匡庐秀甲天下”，山水秀美，年平均180多天有雾，这种云雾景观，不但给庐山蒙上了一层神秘的面纱，更为茶树生长提供了好的条件。庐山云雾茶，也是因这一自然现象而得名。从汉代开始已经有上千年的历史了。

好茶多出在海拔高、温差大、空气湿润的环境中。庐山正符合这一特点，由于海拔高，冬季来临时经常产生“雨凇”和“雾凇”现象，这种季节温差的变化和强紫外线的照射，恰好利于茶树体内芳香物质的合成，从而奠定了高山出好茶的内在因素。所以，庐山云雾茶的芽头肥壮，茶中含有较多的单宁、芳香油类和多种维生素。

茶韵悠长

云雾茶风味独特，由于受庐山凉爽多雾的气候及日光直射时间短等条件影响，形成其叶厚、毫多、醇甘、耐泡的特点。仔细品尝，庐山云雾其色如沱茶，却比沱茶清淡，宛若碧玉盛于碗中。它的味道，类似“龙井”，却比龙井更加醇厚，若用庐山的山泉沏茶焙茗，就更加香醇可口。

辨茶有方

通常用“六绝”来形容庐山云雾茶，即“条索粗壮、青翠多毫、汤色明亮、叶嫩匀齐、香凛持久，醇厚味甘”。

婺源绿茶

外形： 弯曲似眉，银毫披露

色泽： 翠绿

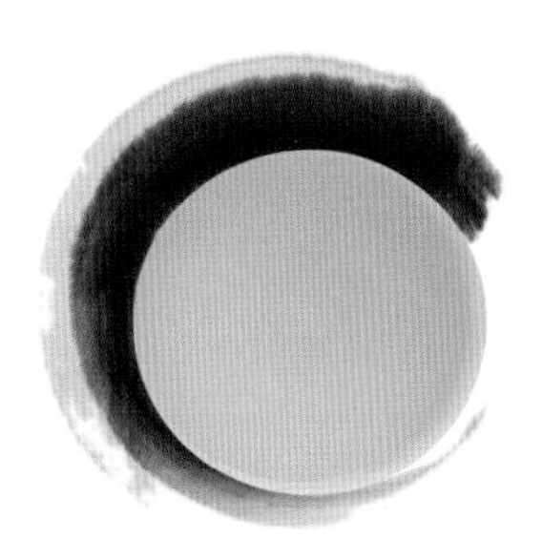

香气： 香高持久

滋味： 鲜爽回醇

汤色： 清澈明亮

叶底： 嫩匀完整

香茗远播

江西省婺源县群山高耸，山涧汩流，气候温润，雨量充沛，四季云雾缭绕，寒暑温度分明，加上土层较厚，土壤肥沃，特别适合茶树生长。自唐朝之前就开始种植茶叶，婺源绿茶的采摘标准为一芽一叶初展，要求大小一致、嫩度一致。其外形弯曲似眉，翠绿紧结，银毫披露，具体品种有特珍、珍眉、凤眉、雨茶、贡熙、秀眉和茶片等。

茶韵悠长

冲泡后的婺源绿茶，汤色碧绿澄明，香气清高持久，有兰花之香，滋味醇厚鲜爽。

辨茶有方

婺源绿茶外形细紧纤秀，弯曲似眉，挺锋显毫；色泽翠绿光润，翠绿紧结，银毫披露；汤色黄绿清澈，叶底柔嫩。

婺源本地绿茶最著名的还是婺源茗眉，一度也成为婺源的标志性茶叶，但是最近几年因为种植加工的发展壮大，各种绿茶都开始出现，而且品质还都很好，所以现在一般统称为婺源绿茶。

恩施玉露

外形： 紧细圆直，白毫显露

色泽： 苍翠润绿

香气： 香气清鲜

滋味： 滋味醇爽

汤色： 清澈明亮

叶底： 嫩绿匀整

香茗远播

恩施玉露产于湖北恩施市南部的芭蕉乡及东郊五峰山，曾经因为茶叶外形紧圆、坚挺、色绿、毫白如玉，被称为“绿玉”。到了1936年，制作的方式由炒青改为蒸青，其茶不但茶之汤色、叶底绿亮、鲜香味爽，而且使外形色泽油润翠绿，毫白如玉，格外亮露，故改名为“玉露”，是现在留存较早的蒸青绿茶，被评为中国十大名茶之一。

恩施玉露是现在很少的一种蒸青绿茶之一，其制作工艺及所用工具相当古老，与陆羽《茶经》所载十分相似。该茶选用叶色浓绿的一芽一叶或一芽二叶鲜叶经蒸汽杀青制作而成。恩施玉露对采制的要求很严格，芽叶须细嫩、匀齐。

日本自唐代从我国传入茶种及制茶方法后，至今仍主要采用蒸青方法制作绿茶，其玉露茶制法与恩施玉露大同小异，品质各有特色。

茶韵悠长

经沸水冲泡后的恩施玉露，芽叶复展如生，初时婷婷地悬浮杯中，继而沉降杯底，平伏完整，汤色嫩绿明亮，如玉露，香气清爽，滋味醇和。观其外形，赏心悦目；饮其茶汤，沁人心脾。

辨茶有方

叶底色绿如玉。“三绿”（茶绿、汤绿、叶底绿）为其显著特点。

顾渚紫笋

外形：芽挺叶长，形似兰花
色泽：翠绿，银毫明显

香气：香孕兰蕙之清
滋味：甘醇鲜爽
汤色：清澈明亮

叶底：细嫩成朵

香茗远播

顾渚紫笋，因其鲜茶芽叶微紫，嫩叶背卷似笋壳，故而得名。该茶产于浙江省湖州市长兴县水口乡顾渚山一带。是上品贡茶中的“老前辈”，早在唐代便被茶圣——陆羽论为“茶中第一”。顾渚紫笋茶自唐朝广德年间开始以龙团茶进贡，至明朝洪武八年“罢贡”，并改制条形散茶，前后历时600余年，明末清初，紫笋茶逐渐消失，直至20世纪70年代末才被重新发掘出来。

白居易在苏州做官时，夜闻贾常州与崔湖州在顾渚山上的境会亭茶宴，曾写诗：“遥闻境会茶山夜，珠翠递舞应争妙，紫笋齐尝各斗新。自叹花前北窗下，蒲黄酒对病眠人。”此诗既描述了当时境会亭茶宴的盛况，又表达了自己因坠马损腰，身体不适，失去了一次参加境会亭茶宴机会的惋惜心情。

茶韵悠长

顾渚紫笋外形紧结，完整而灵秀。开水冲泡，香气馥郁，汤色清澈，茶味鲜醇，回味甘甜，有一种渗人心肺的优雅感觉。

辨茶有方

顾渚紫笋的鲜叶非常幼嫩，炒制500克干茶，约需芽叶36000个。

双井绿

外形：圆紧略曲，形如凤爪

色泽：银毫显露

香气：高香持久

滋味：甘醇爽口

汤色：鲜醇爽厚

叶底：嫩绿匀净

香茗远播

双井绿产于修水县双井村，五代毛文锡所著的《茶谱》记载："洪州双井白芽，制作极精"。诗人黄庭坚非常喜爱家乡的双井茶，常常将双井茶分赠给好友欧阳修、苏东坡、司马光等，并赋诗赞赏。欧阳修的《归田录》中还将它推崇为全国"草茶第一"。

在全国各地的茶城中很少能看见双井绿茶，因为其本身产量不高，也缺乏一些必要的宣传，所以只在江西省内比较有名，但是其品质极好，备受茶圈内人士称赞，一点也不亚于龙井、碧螺春等世界级名茶的品质。

茶韵悠长

一般选用玻璃杯或白瓷杯饮茶，而且无须用盖，这样一则增加透明度，便于人们赏茶观姿；二则以防嫩茶泡熟，失去鲜嫩色泽和清鲜滋味。也可选用茶壶泡茶，这叫作"嫩茶杯泡，老茶壶泡"。

辨茶有方

双井绿分为特级和一级两个品级。特级以一芽一叶初展，芽叶长度为 2.5 厘米左右的鲜叶制成；一级以一芽二叶初展的鲜叶制成。

南京雨花茶

外形：形似松针，条索紧直

色泽：呈墨绿

香气：浓郁高雅

滋味：滋味鲜醇

汤色：嫩绿明亮

叶底：嫩匀明亮

香茗远播

南京雨花茶茶名源于南京雨花台，虽然雨花茶的历史并不长，但由于南京附近气候适合茶叶生长，茶叶加工品质优良，成为现在中国名茶之一。

茶韵悠长

雨花茶的采摘十分精细，要求嫩度均匀、长度一致，具体标准是采摘半开展的一芽一叶为原料。

辨茶有方

雨花茶以紧、直、绿、匀为其特色，即：形似松针，条索紧直，两端略尖，色呈墨绿，茸毫微显，绿透银光。

从鲜叶采摘—摊放—杀青—揉捻—毛火—整形—足火—精制—包装，雨花茶的工艺流程与西湖龙井、洞庭碧螺春大致相仿，但是，雨花茶有两项指标非常严格，一个是水分小于等于7%，二是形似松针。

娇嫩的绿茶极度脆弱，稍一揉搓，便会断裂碎损。雨花茶不仅要求水分低于7%，还要保证如此干燥的茶叶成松针状，这与外形要求扁平光润的西湖龙井和卷曲成螺的碧螺春制作工艺相比，显得更加严格。

所以说，品质好的雨花茶极难仿冒，但这也影响了雨花茶的产量和储存，可以说是有利有弊。

峨眉竹叶青

外形： 扁条，两头尖细，形似竹叶

色泽： 色泽绿润

香气： 香气高鲜

滋味： 滋味浓醇

汤色： 清莹碧绿

叶底： 嫩绿均匀

香茗远播

峨眉山不仅环境优美，也适合茶树生长，在唐朝的时候就有产茶的记录。

竹叶青茶与佛家、道教的渊源甚深。峨眉山从晋朝开始就是佛道名山，佛文化中凝铸着深沉的茶文化，而佛教又为茶道提供了“梵我一如”的哲学思想，更深化了茶道的思想内涵，使茶道更具神韵。道家“天人合一”思想是中国茶道的灵魂。品茶无我，我是清茗，清茗即我。高境界的茶事活动，是物我两忘的，亦如庄周是蝶，蝶是庄周。而竹叶青正是这清茗之一。

茶韵悠长

竹叶青成茶外形扁平光滑，翠绿显毫，两头尖细，形似竹叶；冲泡后，香气高鲜，汤色清明，滋味浓醇，经久耐泡。

辨茶有方

用于制作竹叶青的鲜叶十分细嫩，加工工艺精细。一般在清明前 3~5 天开采，标准为一芽一叶或一芽二叶初展，鲜叶嫩匀，大小一致。

信阳毛尖

外形： 细秀匀直，显峰苗
色泽： 翠绿，白毫遍布

香气： 鲜嫩高爽
滋味： 鲜醇回甘
汤色： 嫩绿鲜亮

叶底： 嫩绿明亮，细嫩，匀齐

香茗远播

信阳茶区是我国的一个古老茶区，产茶历史悠久，一般认为起于东周时期，距今已有2000多年。在唐朝，信阳已盛产茶叶。

唐代茶圣陆羽所著的《茶经》，把信阳列为全国八大产茶区之一；宋代大文学家苏轼尝遍名茶而挥毫赞道："淮南茶，信阳第一"；信阳毛尖茶清代已为全国名茶之一，1915年荣获巴拿马万国博览会金奖，1958年评为全国十大名茶之一。

茶韵悠长

信阳毛尖素来以"细、圆、光、直、多白毫、香高、味浓、汤色绿"的独特风格而饮誉中外。

辨茶有方

元春： 即"明前级"春茶，借喻春季最早、内质最好的茶叶。

探春： 即"明后级"春茶，借喻春季"雨前早期"的茶叶，于谷雨节气头一星期采摘。

迎春： 即"雨前级"春茶，借喻春季"雨前晚期"的茶叶，于谷雨节气后一星期采摘。

惜春： 即"雨后级"春茶，借喻春季"春茶尾"的茶叶，于谷雨后春茶将要结束时期采摘，叹惜春季将逝，不再采摘。

乌龙茶

乌龙茶主要产于福建、台湾、广东，是一种半发酵茶，叶缘像红茶，内叶像绿茶，所以有绿叶镶红边之说。我们熟悉的铁观音、大红袍、冻顶乌龙，都是乌龙茶中的珍品。

七泡有余香

一般的茶叶只冲泡三次，而乌龙茶香味悠长，可以冲泡更多的次数，所以乌龙茶有“七泡有余香”的美誉，品质好的乌龙茶甚至可以冲泡十次，乌龙茶一般都是选择沸水来冲泡。

紫砂壶，工夫茶

最适合冲泡乌龙茶的茶具就是紫砂壶，紫砂壶可以完美地保存茶叶、茶汤的色、香、味，而且时间长了，紫砂壶也会被茶滋养，茶养壶、壶养茶，相得益彰。

福建、台湾等乌龙茶产区的人们几乎茶不离口，走在厦门的大街上随处可见工夫茶馆，随处可见街边摆着茶盘、紫砂壶自酌自饮的茶客。

绿叶红镶边

乌龙茶工序概括起来可分为：萎凋、做青、炒青、揉捻、干燥，其中做青是形成乌龙茶特有品质特征的关键工序，是奠定乌龙茶香气和滋味的基础。

萎凋后的茶叶置于摇青机中摇动，叶片互相碰撞，擦伤叶缘细胞，从而促进酶促氧化作用，茶叶发生了一系列生物化学变化。叶缘细胞的破坏，发生轻度氧化，叶片边缘呈现红色。叶片中央部分，叶色由暗绿转变为黄绿，即所谓的“绿叶红镶边”。

乌龙茶的前身

乌龙茶起源于福建，至今已有1000多年的历史。乌龙茶的形成与发展，首先要溯源北苑茶。北苑茶是福建最早的贡茶，也是宋代以后最为著名的茶叶，历史上介绍北苑茶产制和煮饮的著作就有十多种。据《闽通志》载，唐末建安张廷晖雇工在凤凰山开辟山地种茶，初为研膏茶，宋真宗以后改造小团茶，成为名扬天下的龙团凤饼。要采得一筐的鲜叶，需经过一天的时间，叶子在筐里摇荡积压，到晚上才能开始蒸制，这种经过积压的原料无意中就发生了部分红变，芽叶经酶促氧化的部分变成了紫色或褐色，究其实质已属于半发酵，也就是所谓乌龙茶的范畴。因此，说北苑茶是乌龙茶的前身是有一定科学根据的。

紫砂壶冲泡乌龙茶

冲泡难易度：★★★★

备具： 茶盘、茶荷、紫砂壶、茶道六用、滤网、品茗杯、公道杯、茶巾、杯托。

备水： 将水烧沸，待水温降到80℃左右备用。

备茶： 右手持茶罐，打开茶罐，将盖子倒放在茶巾旁边。取茶则盛茶叶倒进茶荷，茶则用后放回原位，盖上茶罐，放回原处。

赏茶： 手持茶荷，逆时针置于赏茶者正前方，供其观赏。主人还要将茶叶的产地、品质特色、背景文化及冲泡要点对客人进行介绍，以便客人更好地赏茶、品茶，在得到物质享受的同时也能得到精神的享受。

温壶：左手掀开壶盖，把壶盖放在盖托上；右手持煮水壶，把热水倒满茶壶，放回煮水壶，盖上茶壶盖。

温公道杯：右手持壶，将壶中的热水倒进公道杯。

温杯：将公道杯里的热水来回均匀地倒入摆放好的品茗杯中，倒水的顺序一般是从左到右，然后从右到左，然后再从左到右，如此来回三次。

置茶：掀开壶盖，用茶匙将茶荷中的茶叶引入茶壶中，再放回原位，盖上壶盖。

润茶：将热水倒满茶壶，放回煮水壶。

刮沫：用茶壶盖刮一下水面上的茶末，顺势盖上。

出汤：迅速将茶汤倒进公道杯。

震壶：即使再好的茶叶，也在不同程度上存在着一些细小的茶碎或者茶末，震壶可以使这些茶碎和茶末沉淀，避免泡茶的时候阻塞流水。右手提起茶壶，轻轻碰触左手手心，然后将茶壶归位。

泡茶小贴士

润茶、刮沫、出汤这三步称温润泡，也称洗茶，目的不仅是为了除去茶叶上的灰尘和碎屑，更为了让茶叶舒展，茶汤一般是不饮用的，温润泡的时间不宜过长，以免茶味流失。

冲水：掀开茶壶盖，将热水倒满茶壶，放回煮水壶，盖上茶壶盖。冲泡乌龙茶需要用开水。

淋壶：右手拿公道杯用温润泡的茶汤自上而下均匀淋在壶身上，然后静待壶身干透。

干壶：淋壶以后壶身的水很快就会变干，但是壶底却会有一些残留的水滴留在茶壶底部，干壶就是为了清除这些水滴，以免在倒茶的时候水滴流进公道杯，破坏茶味。将壶提起，左手拿茶巾轻轻擦拭壶底。

泡茶小贴士

紫砂土的特点是会“呼吸”，茶壶倒入开水后，温度骤然升高，而茶壶盖则温度较低，淋壶的目的在于使茶壶茶盖的温度浑然一体，与茶叶水乳交融。在第一泡茶以后，可直接用煮水器中的热水淋壶。

热水浇淋茶壶的作用不仅仅是使茶壶均匀受热，另外还有保温的作用，茶壶的茶盖与壶身之间结合得比较紧密，淋上热水以后，在壶身与壶盖之间会覆盖一层水膜，起到隔绝外界冷空气的作用，以便使茶性充分发挥，同时达成养壶的效果。

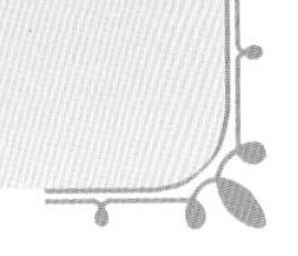

出汤：所谓倒茶，大多时候并不是把茶汤倒进品茗杯，而是把茶壶里的茶汤倒进公道杯。右手拿起已经去掉水滴的茶壶，把茶汤倒进公道杯里，公道杯的作用就是使茶汤的味道及分量能均匀分布到每一个品茗杯。有时候泡绿茶或红碎茶可以省略这一步，直接分茶。

倒水：把茶倒入公道杯以后，需要我们先把温杯的水倒掉，这就是倒水。右手持茶夹，从左到右，将品茗杯逐一轻轻向左侧翻转，把前面温杯的水倒入茶盘，然后把茶夹归位。

分茶：所谓分茶，就是把公道杯里得到沉淀的茶汤均匀地分入品茗杯。不管是直接从茶壶里分茶，还是从公道杯里分茶，一般都采用来回均分法，即从左边第一杯向右依次倒 1/4 杯，然后自右向左依次倒至 1/2 杯，然后再从左到右倒满 3/4 杯，共来回三次，目的是为了使每一杯的茶汤浓淡均匀。

泡茶小贴士

为什么不在刚刚温杯的时候把水倒掉，而是等到现在，目的有两个：一是使温杯的时间加长，尽量让热水在杯中停留较长时间，充分达到温杯的作用；二是利用倒水的这段时间，公道杯里的茶汤变得澄净，茶末得到沉淀。

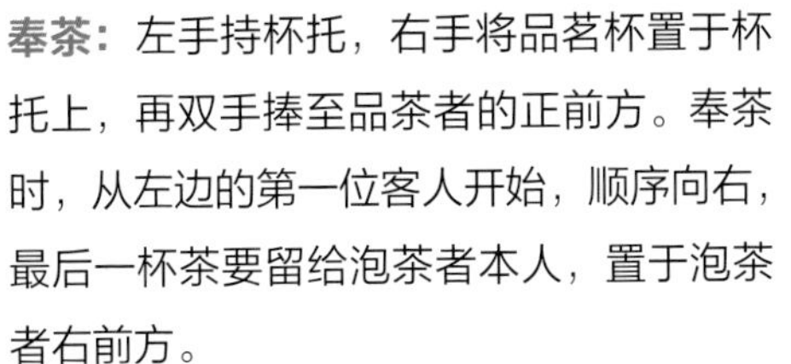

奉茶： 左手持杯托，右手将品茗杯置于杯托上，再双手捧至品茶者的正前方。奉茶时，从左边的第一位客人开始，顺序向右，最后一杯茶要留给泡茶者本人，置于泡茶者右前方。

品茶： 右手扣杯，由远而近置于鼻端，仔细闻一下香味；然后再由近及远观赏其汤色，最后才浅啜细品其汤。分茶的顺序已经固定，所以品茶者不应互相谦让；持杯的正确姿势是拇指与食指持杯沿，中指轻托杯底；品茶以后，将品茗杯放在前方杯托上，以便添下一杯茶。

第二泡及第三泡： 第二泡和第三泡要重复注水、淋壶、干壶、倒茶、添茶、品茶的过程，不同的是淋壶改用热水，添茶则是直接把公道杯中的茶汤由左至右逐一添入品茶者前方的品茗杯当中，若不用公道杯，则需要把品茗杯取回，重新分茶。

泡茶小贴士

一般来说，第一泡的浸泡时间为 30 秒左右，第二泡为 20 秒，第三泡为 30 秒，以后每泡时间均延长约 10 秒。一般茶叶以三泡为准，三泡过后即可去渣，而品质好的乌龙茶则可冲泡七泡以上，所以有“七泡有余香”的说法，紧压茶一般也会超过三泡，具体的次数至味尽即可。

名茶鉴赏

武夷大红袍

外形： 条索紧结

色泽： 绿褐鲜润

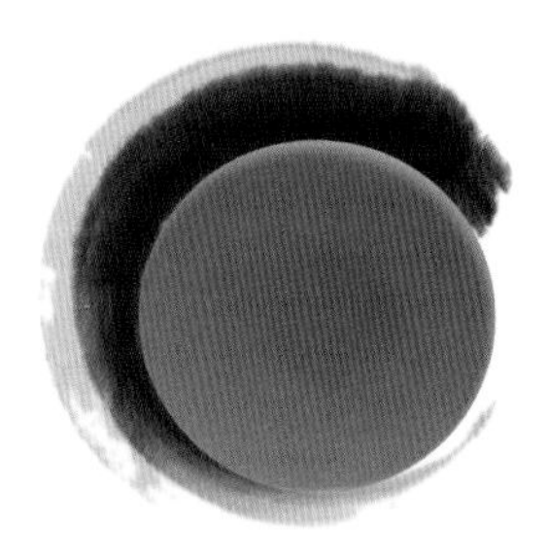

香气： 馥郁有兰花香

滋味： 香高而持久

汤色： 棕红明亮

叶底： 长大鲜活，色泽较均

香茗远播

武夷大红袍号称茶中之王，是乌龙茶中的极品。乌龙茶茶叶本身讲究的就是“绿叶镶红边”，看起来就像披上了大红袍一样。

关于大红袍来历的传说有很多，最著名的有两个。一是明代时期有一个进京赶考的举子路过武夷山的时候腹痛难忍，病倒了，一个和尚救了他，给他喝了一种茶，很快病就痊愈了。到后来，他果然高中了状元，回来感谢老和尚的时候，找到了那棵茶树，用状元的大红袍盖在树上表示感谢，大红袍由此得名。

还有一个传说是大红袍作为贡茶，每年朝廷官员来取茶都是穿大红袍，来了以后脱下大红袍缠在茶树上，大红袍的名称由此而来。

茶韵悠长

武夷岩茶历史悠久，而大红袍乃是武夷岩茶中的佼佼者。生长在武夷山脉的茶叶独领山水灵气，山间岩缝和沟壕的特别土质赋予大红袍一种坚韧、醇厚的品质。它叶质厚润，采制成茶芬芳独特，即使九道冲泡，依然不失其桂花香，堪称奇茗，被誉为国宝。

辨茶有方

资深茶人口中的大红袍指的就是九龙窠母树所产，每年也就区区数两而已，平常人别说品饮，就连见上一面，都难比登天。市面上能见到的大红袍茶叶，是当代茶叶研究科学家们在武夷山大红袍的原生地采用无性繁殖技术所生产的二代、三代产品。

从茶叶专家的角度看，这些经过无性繁殖技术推广的大红袍新茶，与原树大红袍品种完全相同，而且属于同一代茶叶，应该是可以称作大红袍的。无奈新树的茶叶与原树生长于不尽相同的土壤、日照、空气、水分环境之中，细微的生态环境差异，却造成广大茶客感觉的差别，即便如此，价格还是十分昂贵。

还有一种大红袍名称的茶叶产品，抑或说是商品茶。这类商品茶一般是采用多种优质岩茶原料拼配而成的。尽管各种大红袍商品茶的品质参差不齐，但只要是经过注册和检验的，都是合法的真产品。

所以，严格意义上讲，这三类大红袍都是正品，其中二代、三代大红袍要想区别真伪，只能由有经验的茶人亲口品尝，所以我们在购买大红袍的时候，最好是购买小包装产品，在知名度较大的茶庄购买。

安溪铁观音

外形：茶条卷曲、壮结、沉重，呈青蒂绿腹蜻蜓头状

色泽：鲜润，砂绿显红点

香气：清冽郁香持久

滋味：浓郁，回味甘醇

汤色：金黄，浓艳清澈

叶底：肥厚明亮

香茗远播

安溪产铁观音茶历史悠久，自然条件得天独厚，茶叶品质优良，驰名中外。据《安溪县志》记载：安溪产茶始于唐末，兴于明清，盛于当代，至今已有一千多年的历史，自古就有“龙凤名区”“闽南茶都”之美誉。自古“名茶藏名山，名山出名茶”。安溪铁观音就是由那种青山绿水、景色优美的自然生态环境“造就”出来的。

茶韵悠长

品啜铁观音的韵味，应呷上一口含在嘴里，不要马上咽下，使茶汤在口腔中翻滚流动，然后再慢慢送入喉中。饮量虽不多，但能齿颊留香，喉底回甘，别有情趣。品饮所用的品茗杯讲究香橼小杯，一般不使用较大的品茗杯，讲究的就是细细品味，宜以小杯分三口以上慢慢细品。

辨茶有方

观形：优质铁观音茶条卷曲、壮结、沉重，呈青蒂绿腹蜻蜓头状，色泽鲜润，砂绿显，红点明，叶表带白霜。这是优质铁观音的重要特征之一。

听声：优质铁观音较一般茶叶紧结，叶身沉重，取少量茶叶放入茶壶，可闻“当当”之声，其声清脆为上，声哑者为次。

察色：汤色金黄、浓艳清澈，茶叶冲泡展开后叶底肥厚明亮（铁观音茶叶特征之一叶背外曲），具绸面光泽，此为上，汤色暗红者次之。

闽北水仙

外形： 条索壮结重实，叶端扭曲

色泽： 油润

香气： 浓郁带有兰花清香

滋味： 醇厚鲜爽有回甘味

汤色： 清澈，呈橙红

叶底： 欠肥厚，但软黄亮

香茗远播

就产量、销量、知名度、品质等而言，能与铁观音抗衡的乌龙茶，只有闽北水仙。闽北水仙原产于百年前的闽北地区，现在主要产于福建建瓯、建阳两县，闽北水仙茶是闽北乌龙茶中两个花色品种之一，品质别具一格，“水仙茶质美而味厚”“果香为诸茶冠”。闽北水仙“得山川清淑之气。”

茶韵悠长

闽北水仙香气清高悠长，品饮闽北水仙时可以注意好好感受那有着大家闺秀般温文尔雅的兰花香。

辨茶有方

闽北水仙成茶条索紧结沉重、叶端扭曲、色泽油润暗沙绿，呈“蜻蜓头，青蛙腿”状；香气浓郁，具兰花清香，滋味醇厚回甘；汤色清澈橙黄，叶底厚软黄亮，叶缘呈朱砂红色，即“三红七青”。

永春佛手

外形：肥壮重实，呈耗干状

色泽：砂绿油润

香气：馥郁悠长，近似香橼香

滋味：甘醇

汤色：橙黄明亮

叶底：柔软黄亮

香茗远播

茶叶以佛手命名，不仅因为它的叶片和佛手柑的叶子极为相似，而且因为制出的干毛茶，冲泡后散出如佛手柑所特有的奇香。

永春佛手始于北宋，相传是安溪县骑虎岩寺一和尚，把茶树的枝条嫁接在佛手柑上，经过精心培植而成。其法传授给永春县狮峰岩寺的师弟，附近的茶农竞相引种至今。清康熙年间（1704年）永春狮峰岩建成，“僧种茗芽以供佛，嗣而族人效之，群踵而植，弥谷被岗，一望皆是。”永春佛手已有300年的栽培历史。清光绪年间，县城桃东就有峰圃茶庄，在百齿山上开辟成片茶园种植佛手。清康熙贡士李射策在《狮峰茶诗》有赞佛手茶诗句：“品茗未敢云居一，雀舌尝来忽羡仙。”

茶韵悠长

冲泡后的永春佛手茶滋味醇厚、回味甘爽，就像屋里摆着几颗佛手、香橼等佳果所散发出来的绵绵幽香，沁人心脐。

辨茶有方

永春佛手分为红芽佛手与绿芽佛手两种，其中以红芽佛手为佳。永春佛手茶条紧结肥壮，卷曲，色泽砂绿乌润，耐冲泡，汤色橙黄清澈。

黄金桂

外形：条索紧细

色泽：润亮金黄

香气：优雅鲜爽，带桂花香

滋味：醇细甘鲜

汤色：金黄明亮

叶底：黄亮

香茗远播

黄金桂是乌龙茶中风格有别于铁观音的又一极品。黄金桂（也称黄旦）是以品种茶树嫩梢制成，因其汤色金黄有奇香似桂花，故名黄金桂。

相传，清咸丰古年（1860年）安溪罗岩灶坑村，有个青年叫林梓琴，娶西坪珠洋村女子王淡为妻。当地风俗，结婚一个月，新娘回娘家“对月换花”，返回婆家时，新娘带回的礼物中要有一种东西“带青”，即植物幼苗，以象征世代相传，子孙兴旺。

王氏“带青”之物，即为两株小茶苗，种在祖祠旁园地里。经夫妻双双培育，长得枝繁叶茂。采制成茶，色如“黄金”，奇香似“桂”，左邻右舍争先品尝，啧啧称赞，黄金桂之名由此而来。

茶韵悠长

现有乌龙茶品种中黄金桂是发芽最早的一种，制成的乌龙茶，香气特别高，所以在产区被称为“清明茶”“透天香”，有“一早二奇”之誉。内质“香、奇、鲜”，即香高味醇、奇特优雅，因而素有“未尝清甘味，先闻透天香”之称。

品饮精品黄金桂，其汤色金黄明亮，轻嗓满口生津，滋味清醇甘鲜，饮后齿颊留香。冲泡多次仍有余香，令人心旷神怡。

辨茶有方

其叶呈长椭圆形或披针形，叶齿较密，叶缘微波浪形，叶面略隆起，中片较薄。

毛蟹乌龙

外形：茶条紧结，梗圆形，头大尾尖

色泽：褐黄绿，尚鲜润

香气：清高，略带茉莉花香

滋味：清纯略厚

汤色：茶汤青黄或金黄色

叶底：肥厚明亮

香茗远播

毛蟹乌龙是安溪七大茶之一，以生长迅速著名，茶树种植两年即可采摘。传说毛蟹乌龙名扬四方是因为：清光绪三十三年，萍州村张加协外出买布，路过福美村大丘仑高响家，听说有一种茶，生长极为迅速，栽后二年即可采摘，遂顺便带回100多株，栽于自己茶园。由于产量高，品质好，于是毛蟹就在萍州附近传开。

茶韵悠长

毛蟹茶极耐冲泡，一般品质的都可以泡到8泡以上，其中以2、3、4泡最为香浓。

辨茶有方

看汤色：取3~5克放入壶中，用沸水冲泡，把泡好的茶汤倒入玻璃杯内观赏汤色。好的汤色红浓通透明亮，茶的汤色越红品质越好。三年内的较浑浊，十多年以上则红。茶汤泛青、泛黄为陈期不足，茶汤褐黑、浑浊不清、有悬浮物的则是变质的。

看叶底：开汤后看冲泡后的叶底，主要看柔软度、色泽、匀度。叶质柔软、肥嫩、有弹性，色泽褐红、均匀一致，表明品质好。若叶底无弹性、花杂不匀、发黑，或腐烂如泥、叶张不开展，实属品质不好。

冻顶乌龙

外形：外观紧结，呈条索状

色泽：墨绿色带有光泽

香气：香气清纯，具有花香

滋味：甘醇浓厚

汤色：汤色黄绿明亮

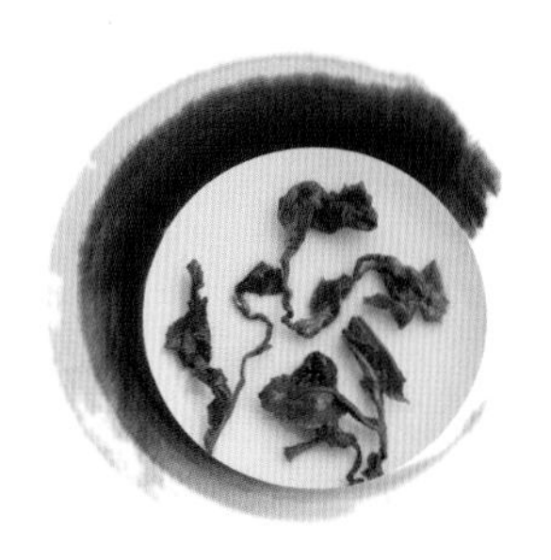

叶底：底边缘有红边，叶中部分呈淡绿色

香茗远播

台湾高山茶因为海拔高、温差大、光照充足，最适合茶树生长，在台湾高山乌龙茶最负盛名，被誉为“茶中圣品”。冻顶乌龙产自台湾鹿谷附近冻顶山，山多雾，路陡滑，上山采茶都要将脚尖“冻”起来，避免滑下去，山顶叫冻顶、山脚叫冻脚。所以冻顶茶产量有限，尤为珍贵。

茶韵悠长

冻顶乌龙茶汤清爽怡人，汤色蜜绿带金黄，茶香清新典雅，香气清雅，因为香气独特，据说是帝王级泡澡茶浴的佳品。

辨茶有方

优质冻顶乌龙茶成品外形呈半球型弯曲状，色泽墨绿，有天然的清香气。冲泡时茶叶自然冲顶壶盖，汤色呈柳橙黄，味醇厚甘润，散发桂花清香，后韵回甘味强，饮后杯底不留残渣。其茶品质，以春茶最好，香高味浓，色艳；秋茶次之；夏茶品质较差。

冻顶乌龙产品等级分为特选、春、冬、梅、兰、竹、菊。冻顶乌龙入口圆滑甘润，饮后口颊生津、喉韵幽长。老式的冻顶茶，制法极具风格，香气稳重，喉韵十足。新式冻顶茶加入了“半包种”的做法，其香气较易发散，别有一番风味。现在这两种制法的冻顶茶均已在台湾广为流行。

文山包种

外形： 条索紧结，自然卷曲

色泽： 墨绿有油光

香气： 清新持久

滋味： 滋味甘润，入口生津

汤色： 茶汤金黄，鲜艳悦目

叶底： 呈鲜绿色，叶片完整柔嫩

香茗远播

文山包种茶，又叫“清茶”，是台湾乌龙茶中发酵程度最轻的清香型绿色乌龙茶。它产于台湾省北部的台北市和桃园市等，其中以台北文山地区所产制的品质最优，香气最佳，所以习惯上称之为“文山包种茶”。文山包种茶和冻顶乌龙茶一样，都是台湾的特产，有“北文山、南冻顶”之美誉。

在清光绪初年，因向宫廷进贡，将四两茶叶用两张方形毛边纸内外相衬包成四方包，以防茶香外溢，外盖茶名及行号印章，光绪帝对此茶赐封为“包种”。台湾所生产的包种茶以台北文山地区所产制的品质最优、香气最佳，所以习惯上称为“文山包种茶”。

茶韵悠长

文山包种具有“香、浓、醇、韵、美”五大特点，品饮时滋味甘醇鲜爽，入口生津，齿颊留香，久久不散。

辨茶有方

典型的文山包种茶特征是：第一，香气一定要清扬，带有明显的花香；第二，滋味要活泼甘醇；第三，茶汤要呈亮丽的绿黄色。除了本身的分级以外，文山包种的品质跟其采摘时间有关，每年包种茶可采摘 6 次，春季两次，夏秋各一次，冬季两次，以春茶的质量最好，冬茶次之。

凤凰单枞

外形： 条索粗壮，匀整挺直

色泽： 黄褐，油润有光，并有朱砂红点

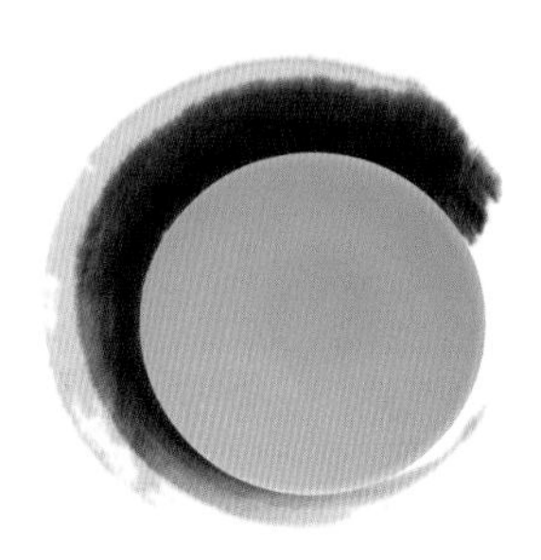

香气： 清香持久，有兰花香

滋味： 浓醇鲜爽，润喉回甘

汤色： 茶汤金黄，鲜艳悦目

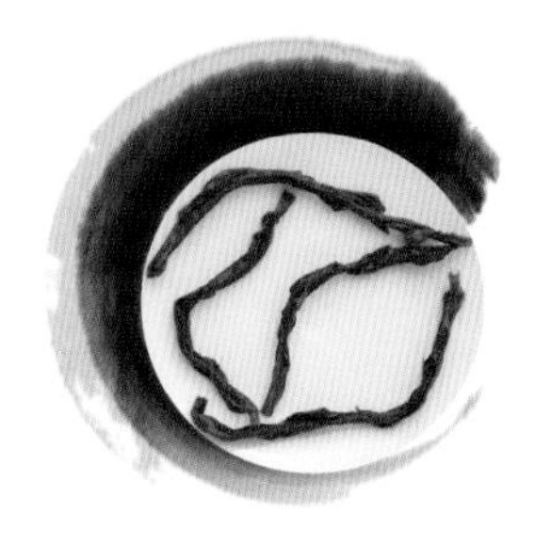

叶底： 边缘朱红，叶腹黄亮

香茗远播

凤凰单枞，属乌龙茶类。产于广东省潮州市凤凰山。气候温暖，雨水充足，茶树均生长于海拔1000米以上的山区，现在尚存的3000余株单枞大茶树，树龄均在百年以上，性状奇特，品质优良，单株高大如榕，每株年产干茶10余千克。

茶韵悠长

单枞茶，是指在群体品种中选拔优良单株茶树，经培育、采摘、加工而成。因成茶香气、滋味的差异，当地习惯将单枞茶按香型分为黄枝香、芝兰香、桃仁香、玉桂香、通天香等多种。

品饮时可以中指抵住杯底，俗称三龙护鼎。品饮要分三口进行，“三口方知味，三番才动心”，茶汤的鲜醇甘爽，令人回味无穷。

辨茶有方

凤凰单枞的单株茶树根据茶树形状、茶叶特质、历史典故等又细分为很多品种，如宋种东方红、宋种芝兰香、宋种蜜香单枞、八仙单枞、姜花香单枞、蛤古捞单枞、蜜兰香单枞、黄枝香单枞、玉兰香单枞、桂花香单枞、二矛芝兰香单枞等十数种之多。

这也是品单枞茶的乐趣所在，这十几种每种的口感、品质都有所不同，甚至每棵都略有不同，为专业茶人所津津乐道。

凤凰水仙

外形：壮挺

色泽：润如金褐，表面泛朱砂点，又隐镶红边

香气：具有独特的天然花香

滋味：浓醇鲜爽

汤色：澄明黄亮，内壁显金圈

叶底：肥厚匀整，翠绿

香茗远播

凤凰水仙原产于广东省潮安县凤凰山区。传说南宋末年，宋帝赵景南下潮汕，路经凤凰山区乌际山时，口渴难耐，侍从们采下一种叶尖似乌嘴的树叶加以烹制，饮之止咳生津，立奏奇效。从此广为栽植，称为“宋种”。

茶韵悠长

有“形美，色翠，香郁，味甘”之誉，味醇爽回甘，具天然花香，香味持久，耐泡。

辨茶有方

此茶属于中国乌龙茶的一种，其茶树高大，叶片大、树干少分叉，叶子色深，芽饱满呈黄绿色，并被覆有毫。在福建省，它们既可以用来制成乌龙，也可制成白茶和红茶。

红茶

红茶是世界上流传最广的茶，从非洲到欧洲到北极，从平民到皇室，都特别钟爱红茶。中国人喝茶讲究三味，讲究禅茶一味，所以在中国喝茶的一个很大特色就是慢，喝的是深层次的东西。西方人引进的是茶自身的香味，而并非东方的文化，所以他们更注重的是茶的香气，而红茶在各种茶当中最适合西方人的口味。

茶中第一香

红茶属于全发酵茶类。初制基本工艺是鲜叶经萎凋、揉捻（揉切）、发酵、干燥四道工序。萎凋是红茶初制的重要工序。红茶在加工的过程中产生几百种芳香物质，是各种茶当中最香的茶。

百变冲泡方式

红茶因为茶叶大小差异很大，加上性温，所以红茶的冲调方式也千奇百怪，工夫红茶可用白瓷杯直接冲泡，加入少许红茶冲入沸水，几分钟之后就能直接饮用；红碎茶用一块干净的纱布将适量茶叶包住，用绳子扎好放入茶壶中，冲入沸水盖上壶盖即可；日常生活中我们经常饮用袋装红茶，一杯一袋，冲水后轻轻抖动茶袋，待茶汁溶出后即可取出，是一种既方便又清洁的饮用方法；另外红茶还可以加入各种调料，调和成形态、颜色、味道各异的调和茶，如泡沫红茶等。

盖碗冲泡红茶包

冲泡难易度：★

温具：向盖碗中倒入少量热水，轻轻摇晃后倒掉。

润茶：放入红茶包，加少量水，浸润茶包几秒钟后倒掉。

冲泡：倒热水约 3/4 满，盖上杯盖，静置 1 分钟左右，上下提动红茶包，即可饮用。

品饮

玻璃壶冲泡红茶

冲泡难易度：★★★

备具：玻璃壶、品茗杯、水盂、茶道六用、公道杯。

备水：用煮水器将水烧开备用。

温具：向壶中注入烧沸的开水温壶，将温壶的水倒入公道杯后温公道杯，再倒入品茗杯。

投茶：用茶匙将茶荷中的茶拨入茶壶中。

润茶：向壶中注入少量开水，并快速倒入水盂中。

冲水：直接冲水满壶，正泡 2~3 分钟。

温杯：用茶夹夹取品茗杯温烫，将温杯的水倒入水盂中。

出汤：将泡好的茶汤倒入公道杯中，控净茶汤。

分茶：将公道杯中的茶汤分到各个品茗杯中。

泡茶小贴士

泡茶时壶口处有浮沫时，可用壶盖刮掉。冲泡时，要泡上2~3分钟，不要冲水马上出汤。红茶通常可冲泡 3 次，每次的口感各不相同。

名茶鉴赏

祁门红茶

外形： 条索紧秀，锋苗好

色泽： 乌黑泛灰光

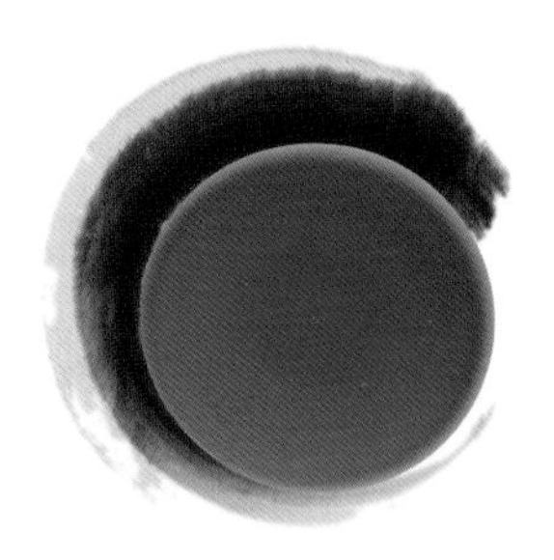

香气： 浓郁高长，似蜜糖香，蕴藏有兰花香

滋味： 醇厚，回味隽永

汤色： 红艳

叶底： 嫩软红亮

香茗远播

祁红是红茶中的佼佼者，品质超凡，冠绝天下。它与印度的“大吉岭”和斯里兰卡的“乌伐”齐名，被誉为“世界三大高香名茶”。自清代光绪初年诞生以来，驰名世界，畅销五洲，在中国近现代茶史中留下了最红、最靓的一笔。

茶韵悠长

饮用祁红，代表着高贵与时尚的身份，因此英国上流社会无不以拥有祁红为骄傲，作为午后茶的珍品。小仲马名著《茶花女》中在描述一位贵族衰落时说：“你穷得连祁门红茶也拿不出来了”，可见一斑。

辨茶有方

高档祁门红茶的茶芽含量高，条形细紧，色泽乌黑有油光，茶条上金色毫毛较多；香气甜香浓郁，滋味甜醇鲜爽，汤色红艳，碗壁与茶汤接触处有一圈金黄色的光圈，俗称“金圈”。中档茶芽含量少，色泽乌黑稍有光泽，稍有金色毫毛；香气稍有甜香，滋味甜和稍淡，汤色红亮，金圈欠黄亮。低档茶芽少，以成熟摊开叶片为主，条形松而轻，色泽乌且稍枯，缺少光泽，无金毫；香气带粗老，滋味平淡。

滇红工夫

外形：条索紧结，肥硕雄壮

色泽：乌润，金毫特显

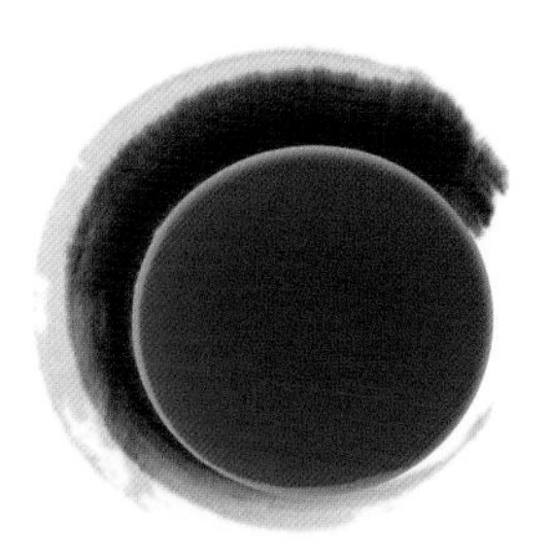

香气：鲜郁高长

滋味：浓厚鲜爽，有刺激性

汤色：红艳，鲜亮

叶底：单芽，红艳，柔嫩

香茗远播

滇红工夫红茶简称滇红，又叫云南红茶。产于云南省南部与西南部的临沧、保山、凤庆、西双版纳、德宏等地。

产地境内群峰起伏，平均海拔1000米以上。年均气温18~22℃，年积温6000℃以上，昼夜温差悬殊，年降水量1200~1700毫米，有“晴时早晚遍地雾，阴雨成天满山云”的气候特征。茶树高大，芽壮叶肥，着生茂密白毫，即使长至5~6片叶，仍质软而嫩，尤以茶叶的多酚类化合物、生物碱等成分含量，居中国茶叶之首。

茶韵悠长

从杯口吸吮一小口，茶汤通过舌头，扩展到舌苔，直接刺激味蕾，此时可以微微、细细、啜啜品之。

辨茶有方

冲泡后的滇红茶汤红艳明亮，对于高档滇红，其茶汤与茶杯接触处常显金圈，冷却后立即出现乳凝状的冷后浑现象，冷后浑早出现者是质优的表现。

滇红从广义上说还包括一种红茶：滇红碎茶，是一种颗粒型碎茶，又称滇红分级茶，其外形均匀，色泽乌润，滋味浓烈，香气鲜锐，汤色红亮。碎茶在后文会提到，主要是用来制作成品茶包。

川红工夫

外形：肥壮圆紧，显金毫
色泽：乌黑油润

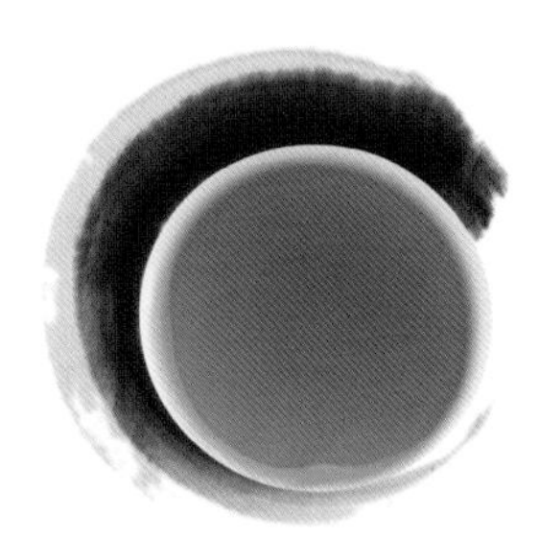

香气：清鲜带枯糖香
滋味：醇厚鲜爽
汤色：浓亮

叶底：厚软红匀

香茗远播

四川省是我国茶树发源地之一，茶叶生产历史悠久。川红工夫生产于川东南地区，即长江流域以南边缘地带，包括宜宾、内江地区及重庆、自贡两市所属的部分地区。这里的茶树发芽早，比川西茶区早39~40天，采摘期长40~60天，全年采摘期长达210天以上。

川红问世以来，在国际市场上享有较高的声誉，多年来畅销俄罗斯、法国、英国、德国及罗马尼亚，堪称中国工夫红茶的后起之秀。

宜宾地区所产川红出口早，每年4月即可进入国际市场，以早、新取胜。川红珍品——“早白尖”，更是以“早、嫩、快、好”的优良品质博得好评。

茶韵悠长

红茶是茶类中最香的，川红因为其产地独特的自然环境再加上加工过程中的工艺，产生的芳香物质也是最多的，所以可以说川红工夫是红茶中最香的，可以兑一点喜欢的其他糖或香料。

辨茶有方

因为川红工夫创立时间较短，仿冒品也较少，我们只需辨别川红精品“早白尖”和普通川红即可。“早白尖”颜色略浅，手感重实，相同重量的茶叶“早白尖”的体积较小。也可以用冷水冲泡来辨别，3分钟内茶汤颜色深的为“早白尖”。

正山小种

外形：条索粗壮长直，身骨重实

色泽：乌黑油润有光

香气：内质香高，具松烟香

滋味：醇厚，似桂圆汤味

汤色：呈糖浆状的深金黄色

叶底：厚实光滑，呈古铜色

香茗远播

正山小种又称为星村小种，是最古老的一种红茶。所谓“正山”，乃表明是真正的“高山地区所产”之意，原凡武夷山中所产的茶，均称为正山。

正山小种红茶诞生于明末清初，早在17世纪初就远销欧洲，并大受欢迎，曾经被当时的英格兰皇家选为皇家红茶，并因此而诱发了闻名天下的“下午茶”，可以说正山小种是欧洲下午茶的鼻祖。

茶韵悠长

正山小种香气高长带松烟香，滋味醇厚，带有桂圆汤味，加入牛奶茶香味不减，形成糖浆状奶茶，液色更为绚丽。因此赢得了许多人的喜爱。相当长一段时间它是英国皇家及欧洲王室贵族享用的特种茶。英国17世纪著名诗人拜伦在他著名的长诗《唐璜》里还有正山小种的赞誉之词。

辨茶有方

因为正山小种非常有名，所以附近的福安、政和等县纷纷仿制，但是品质却相对差一些，称为外山小种，也称“人工小种”或“烟小种”。

C.T.C 红碎茶

中国人本来是不喝碎茶的，碎茶是因为西方人为了方便，把茶叶用机器加工后的产物，现在因为西方文化的重新输入加上出口的需要，中国的很多红茶产区都开始生产红碎茶，红碎茶又称 C.T.C 红碎茶，C.T.C 是一种切割茶叶的机器，现在已经广为应用。

C.T.C 红碎茶是用机器切割、粉碎的茶叶，所以其叶底没有什么研究和观赏价值。其中，碎茶和末茶更是多用来做成茶包。这是因为东西方文化的差异，虽然西方人喜欢茶叶的香气，但是节奏快的西方人明显不会像我们一样在泡茶的步骤和观赏性上多下功夫，他们追求的是简单、快捷、方便的饮茶方式。现在一些中国的年轻人，尤其是上班族也开始崇尚这种方式，所以在国内 C.T.C 红茶也逐渐普及了。

外形：砂粒状末，色泽乌黑或灰褐

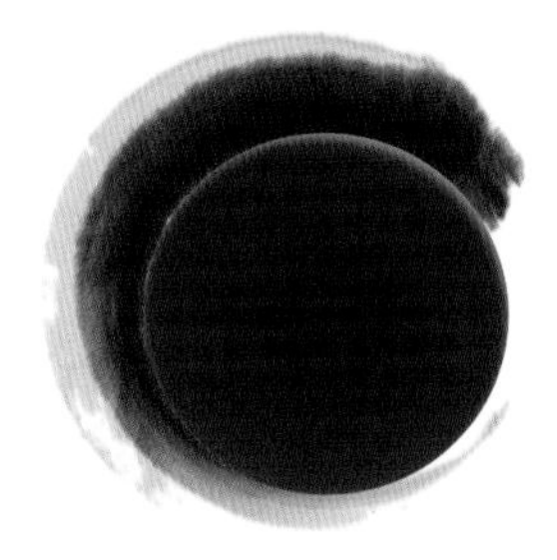

香气：低沉

滋味：略显粗涩

汤色：深暗

白茶

白茶成品看起来呈白色，故名白茶，其实仔细看茶叶还是绿色的，因为茶叶表面覆盖着一层的白毛，看起来才是白色的。

白茶为福建特产，主要产区在福鼎、政和、松溪、建阳等地。属轻微发酵茶，是我国茶类中的特殊珍品。

中国浙江的安吉白茶因自然变异整片茶叶呈白色，不同于带有白色绒毛的一般白茶，但是安吉白茶从加工的工艺上来说是属于绿茶的。

清淡却耐泡

白茶属微发酵茶，我国是全世界唯一出产白茶的国家，我国的白茶主要产于福建，台湾也有少量出产。基本工艺流程是萎凋、晒干或低温烘干。传统白茶制法不炒不揉，因而汤色与滋味清淡。大叶茶品种茶树新梢叶毫肥壮，内含物丰富，成茶身骨重实，增加了茶汤滋味的浓度和耐泡程度。

养生佳品

白茶性清凉，具有退热降火之功效，为不可多得的珍品。白茶的主要品种有银针、白牡丹、贡眉、寿眉等。尤其是白毫银针，全是披满白色茸毛的芽尖，形状挺直如针，在众多的茶叶中，它是外形最优美者之一，令人喜爱，汤色浅黄，鲜醇爽口，饮后令人回味无穷。

玻璃杯冲泡白茶

冲泡难易度：★★★

备具：玻璃杯、水盂、茶荷、茶匙。

备水：将水用煮水器烧开，放置 2~3 分钟。

赏干茶：将适量干茶（约 3 克）置于茶荷中，用拇指和食指拿住茶荷，请客人鉴赏。

温杯：倒入少许热水于玻璃杯中，双手捧杯的底部，倾斜 30°，轻轻旋转将水倒入水盂。

置茶：将茶荷中的茶叶倒入杯中。

润茶：向杯中倒入约 1/4 的水，使茶叶受到浸润后充分伸展。

冲水：高冲水至七分满左右，看茶叶在杯中旋转，静置约 2 分钟。

闻香：左手托杯底，右手扶杯，将茶杯顺时针方向轻轻转动，使茶叶进一步吸收水分，香气充分发挥，可嗅闻茶汤的香气。

品茶：小口品饮，茶味鲜爽，回味甘甜，口齿留香。

玻璃壶冲泡白茶

冲泡难易度：★★★

备具： 玻璃壶、茶荷、水盂、茶道六用、品茗杯。

备水： 将水用煮水器烧开，放置 2~3 分钟。

赏干茶： 用茶则盛适量干茶（约 5 克）放进茶荷中，用拇指和食指拿住茶荷，请客人鉴赏。

温壶： 向玻璃壶中加入约 1/3 的水，手持壶轻轻晃动。

温杯：将壶里的水倒入品茗杯中，然后将壶中剩余的水倒入水盂。

置茶：用茶匙将茶荷中的茶叶轻轻拨入壶中。

润茶：向壶中加入少量水，轻轻晃动，充分浸润茶叶，静置 30 秒左右。

冲水：向壶中冲入 3/4 左右的热水，静置 2~3 分钟。

分茶：将茶壶中的茶汤均匀地倒入品茗杯中。

名茶鉴赏

白毫银针

外形： 芽壮肥硕显毫

色泽： 银灰，熠熠有光

香气： 清芬

滋味： 醇厚

汤色： 浅杏黄

叶底： 嫩匀完整，色绿

香茗远播

白毫银针又称白毫、银针、银针白毫等，是白茶当中最高档的茶叶，主要产于福建福鼎、政和，福鼎所产的白毫银针也叫“北路银针”，政和所产的白毫银针也叫“南路银针”。是以单芽为原料按白茶加工工艺加工而成的。

白毫银针不但是最高档的白茶，也是白茶的始祖，明代田艺衡《煮泉小品》中称：“茶者以火作为次，生晒者为上，亦更近自然且断烟火气耳”，如果说这是关于古代白茶的记述，则现代白茶堪称是古老而又年轻的茶品。

茶韵悠长

白毫银针入口毫香显露，滋味因产地不同而略有不同。福鼎所产银针滋味清鲜爽口，回味甘凉；政和所产的银针汤味醇厚，香气清芬。

白毫银针的形、色、质、趣是名茶中绝无仅有的，实为茶中珍品，品尝泡饮，别有风味。品赏银针，寸许芽心，银光闪烁；冲泡杯中，条条挺立，如陈枪列戟；微吹饮啜，升降浮游，观赏品饮，别有情趣。

辨茶有方

白毫银针是白茶中的珍品。因其成茶芽头肥壮、肩披白毫、挺直如针、色白如银而得名。主产地有福鼎和政和，尤以福鼎生产的白毫银针品质为高。

寿眉

外形：毫心显而多

色泽：翠绿

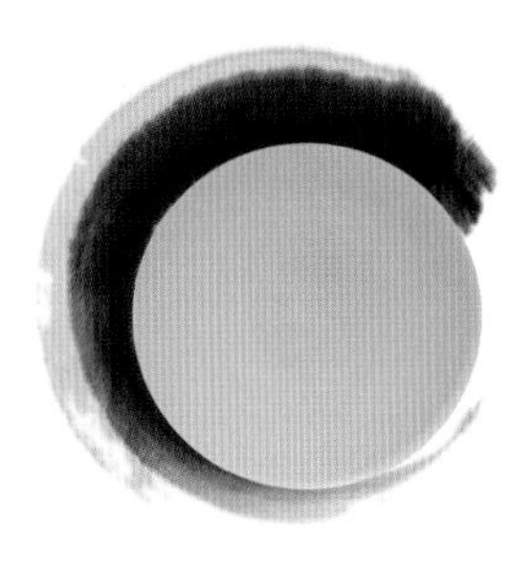

香气：鲜纯

滋味：醇爽

汤色：橙黄或深黄

叶底：匀整，柔软，鲜亮

香茗远播

寿眉，品质好的又称贡眉。主产区在福建建阳县。建瓯、浦城等县也有生产，产量占白茶总产量一半以上。

用茶芽叶制成的毛茶称为“小白”，以区别于福鼎大白茶、政和大白茶茶树芽叶制成的“大白”毛茶。大白制白毫银针和白牡丹，而小白则用以制造贡眉。一般以贡眉表示上品，质量优于寿眉。

茶韵悠长

寿眉茶功效如同犀牛角，有清凉解毒、明目降火的奇效，可治“大火症”，在越南是小儿高烧的退烧良药。白茶中含有一种特殊的成分，具有抗癌功效，饮用白茶，可以提高肝癌患者免疫能力。

辨茶有方

寿眉在“萎凋”中的“生化”过程也是“发酵”过程，所以寿茶是白茶，也是“微发酵茶”。

寿眉选用的茶树品种一般采用福鼎大白茶、福鼎大毫茶、政和大白茶和“福大”“政大”的有性群体种。寿眉原料采摘标准为一芽二叶至三叶，要求含有嫩芽、壮芽。初制、精工艺与白牡丹基本相同，其内含物和保健功效也与白牡丹相差无几。

黄茶

本来世界上是没有黄茶的，传说有一次，在加工绿茶的过程中刚好赶上了阴雨天，导致炒青后的绿茶没能及时杀青、揉捻，结果嫩绿的茶叶全变黄了，人们后悔莫及，只好将这些“残茶”留给自己喝。但是喝的时候却发现这种发黄的绿茶竟然也别有一番风味，于是茶人们加以改良，就产生了新的茶类——黄茶。所以说，黄茶的产生是一种“美丽的意外”，是妙手偶得而来的，喜欢喝黄茶的人们可能需要感谢若干年前的那一场梅雨吧。

黄茶的分类其实很简单，根据原料的采集和茶叶的大小来分，分为黄芽茶、黄小茶和黄大茶。

黄芽茶

黄芽茶的原料最细嫩，一般都是采用一芽一叶为原料，茶叶的形状细小、尖长，代表茶有：君山银针、霍山黄芽等，一般来说名字上带“银针”或者“黄芽”的，都是黄芽茶。

黄小茶

黄小茶通过采摘细嫩芽叶加工而成，主要包括湖南岳阳的“北港毛尖”，湖南宁乡的“沩山毛尖”，湖北远安的“远安鹿苑”和浙江温州、平阳一带的“平阳黄汤”，一般来说市场的毛尖黄茶都是这个类别，品质好的黄小茶也可能是用一芽一叶的原料制成。

黄大茶

黄大茶以一芽二、三叶甚至一芽四、五叶为原料制作而成，主要包括安徽霍山的“霍山黄大茶”和广东韶关、肇庆、湛江等地的“广东大叶青”。黄大茶属于黄茶当中品质相对差一些的，一般只在当地才能买到。

玻璃杯冲泡黄茶

冲泡难易度：★★★

备具：玻璃杯、茶匙、茶荷、水盂。

备水：将足量水注入随手泡，烧至沸腾后等约 3 分钟备用。

温具：向玻璃杯中注入大约 1/3 的水，手持杯底，略微倾斜，缓慢旋转使杯中上下温度一致，然后将废水倒入水盂中。

赏干茶：将适量黄茶拨入茶荷中，与客人一起欣赏干茶。

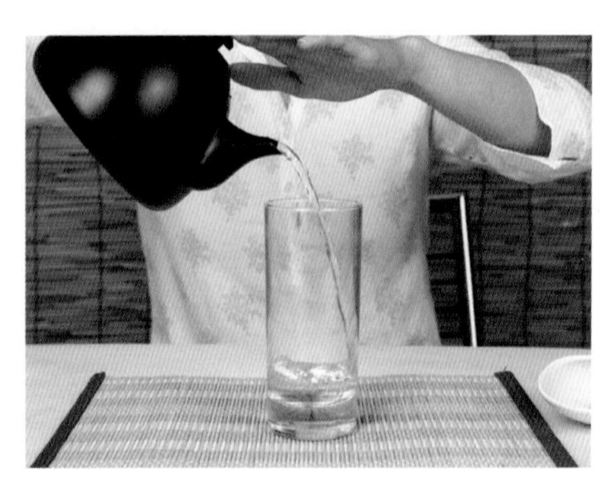

冲水：向杯中加入 1/3 的热水。

投茶：用茶匙将茶拨入玻璃杯中。

冲泡：悬壶高冲至杯的七分满。

赏茶：欣赏茶叶从水的顶部慢慢沉下去，水中伸展，上下浮动。

品饮：待“茶舞”停止，就能细细品饮了。

青瓷茶具冲泡黄茶

冲泡难易度：★★★

备具： 茶盘、茶道六用、茶荷、茶壶、公道杯、品茗杯。

温具： 将水用煮水器烧开后，稍等 1~2 分钟，向壶中倒大约半壶水，轻轻摇匀后将水倒入公道杯，然后分进每一个品茗杯，再将品茗杯中的水淋洒在茶壶上。

赏茶： 将干茶拨入茶荷当中，向客人展示干茶，请客人鉴赏，然后把茶叶从茶荷拨入茶壶中。

润茶： 向壶中倒大约 1/4 的水，然后倒出。

冲泡：向壶中高冲水至七分满。

分茶：将壶中茶汤倒入公道杯，然后均匀地分到每一个品茗杯里。

敬茶：请客人取茶。

闻香：青瓷泡黄茶一般无须用闻香杯，直接嗅闻茶香即可。

品饮：轻啜品茶滋味长。

名茶鉴赏

霍山黄芽

外形：似雀舌

色泽：润绿泛黄、细嫩多毫

香气：清幽高雅

滋味：鲜醇回甜

汤色：稍绿黄而明亮

叶底：黄绿嫩匀

香茗远播

安徽有三黄，名山黄山，大戏黄梅，好茶霍山黄芽。霍山茶最早可追溯到唐代，在明代被列为贡品，“芽茶一斤，卖银一两，犹恐不得。”当时2两银子足可以供普通家庭生活一年，足见霍山黄芽的珍贵。《红楼梦》中贾宝玉喜欢喝的，就是霍山黄芽。

清末以后，霍山县产茶几乎都是以红茶为主，霍山黄芽彻底绝迹，到了建国以后茶农和相关部门开始逐步恢复黄茶的生产。然后经过很多茶叶专家的努力，霍山黄芽才重新出现，并且成为中国黄茶的代表茶品之一。

不过因为现在对绿茶的需求远大于黄茶，所以霍山黄芽的产量并不高，价格仍旧比较昂贵。

茶韵悠长

生茶是指新鲜的茶叶采摘后以自然的方式陈放，未经过渥堆发酵处理的茶叶。生茶茶性比熟茶烈、刺激，新制或陈放不久的生茶有苦涩味，汤色较浅或黄绿，生茶长久储藏，香味越来越醇厚。

辨茶有方

不同生茶叶底颜色随储藏时间加深，嫩绿—嫩黄—杏黄—暗黄—黄褐—红褐，逐渐变化。而发酵程度较好的普洱熟茶，叶底颜色一般都呈“猪肝色”，并随储藏年份增加逐渐向暗褐色转化。

茶韵悠长

黄茶其实发酵程度很低，一般来说不耐冲泡，也不耐储藏，霍山黄芽因为产自海拔600米以上的山区，叶子较厚，绒毛较多，加上加工后含水量仅有5%左右，低于一般绿茶和黄茶，所以比较耐冲泡，可以起三泡，也比一般的绿茶、黄茶更耐储藏一些。

辨茶有方

花香——白莲岩的乌米尖；

清香——太阳乡的金竹坪；

板栗香——大化坪镇的金鸡山。

君山银针

外形： 芽壮挺直，匀整露毫

色泽： 黄绿

香气： 清香浓郁

滋味： 甘甜醇和

汤色： 杏黄明净

叶底： 黄亮匀齐

香茗远播

产于湖南岳阳洞庭湖中的君山，形细如针，故名君山银针。

君山银针原名白鹤茶。据传初唐时，有一位名叫白鹤真人的云游道士从海外仙山归来，随身带了八株神仙赐予的茶苗，将它种在君山岛上。后来，他修起了巍峨壮观的白鹤寺，又挖了一口白鹤井。白鹤真人取白鹤井水冲泡仙茶，只见杯中一股白气袅袅上升，水气中一只白鹤冲天而去，此茶由此得名“白鹤茶”。

茶韵悠长

好茶需好水，传说柳毅井和洞庭湖水是相连的，往井中倒一箩筐苞米，半年以后，苞米会在洞庭湖上浮出水面。更神奇的是，柳毅井井水面却比湖水面高出十多尺，深不见底，且永不枯绝。当地人认为冲泡君山银针最好的水就是柳毅井中的水。

辨茶有方

不同生茶叶底颜色随储藏时间加深，嫩绿—嫩黄—杏黄—暗黄—黄褐—红褐，逐渐变化。而发酵程度较好的普洱熟茶，叶底颜色一般都呈“猪肝色”，并随储藏年份增加逐渐向暗褐色转化。

蒙顶黄芽

外形：扁直，芽毫毕露
色泽：黄绿

香气：甜香浓郁
滋味：甘甜醇和
汤色：杏黄明净

叶底：黄亮匀齐

香茗远播

蒙山产茶历史悠久，已经有2000多年的历史，蒙顶茶是蒙山上所产茶的总称，是中国名茶的代表之一，素来有“扬子江心水，蒙顶山上茶”的说法。自唐朝开始，一直到清末，蒙顶茶一直是贡茶。

蒙顶黄芽“名山之茶美于蒙，蒙顶又美之上清峰，茶园七株又美之，世传甘露慧禅师手所植也，二千年不枯不长。其茶，叶细而长，味甘而清，色黄而碧，酌杯中香云蒙覆其上，凝结不散，以其异，谓曰仙茶。每岁采贡三百三十五斤。”足见其珍贵。

茶韵悠长

蒙山是著名的茶叶产区，除了黄芽以外，还产其他不少茶叶，在之前，蒙顶黄芽的产量还可以，但是20世纪50年代以后，对蒙顶甘露等绿茶的需求增大，所以黄芽的产量就越发的少，因此现在的蒙顶黄芽，只要能喝到的，基本都是珍品。

辨茶有方

蒙顶黄芽，鲜叶采摘标准为一芽一叶初展，每500克鲜叶有8000~10000个芽头，黄芽外型芽叶整齐，形状扁直，芽匀整多毫，色泽金黄。真的黄芽黄汤黄叶，假的黄芽汤色则没有那么纯正。

黑茶

黑茶属于后发酵茶，是我国特有的茶类，生产历史悠久，以制成紧压茶为主，主要产于湖南、湖北、四川、云南、广西等地。主要品种有湖南黑茶、四川边茶、广西六堡散茶、云南普洱茶等。其中云南普洱茶古今中外久负盛名。

越陈越香的茶中另类

大部分茶叶讲究的是新鲜，制茶的时间越短，茶叶越显得珍贵，陈茶往往无人问津。而黑茶则是茶中的另类，贮存时间越长的黑茶，反而越难得。因为黑茶是深度发酵的茶叶，发酵程度达 80% 以上，所以存放时间越长，香气越浓，这也是最近几年普洱茶大行其道的原因之一。

茶饼、茶砖不等于黑茶

人们常常有这样一种错误的观念——黑茶即紧压茶，实际不然，黑茶和紧压茶是两个方面的分类，部分绿茶和红茶也可以制成紧压茶，只不过大部分的紧压茶都是由黑茶制成的。紧压茶不能直接冲饮，而散装黑茶可以。

紫砂壶孕茶香

普洱茶的泡茶器皿以宜兴紫砂壶为首选。紫砂壶的良好透气性和吸附作用，有利于提高普洱茶的醇度，提高茶汤的亮度。选择紫砂壶一般以朱泥调砂和紫泥调砂为理想，以利于提高透气性。和乌龙茶“以小为贵”相反，普洱茶应该用容量大一点的壶冲泡。茶壶容积相对宽松，便于茶条舒张和滋味的浸出。

玻璃杯、玻璃公道杯显茶色

普洱茶以茶汤晶莹亮丽、颜色多变而著称。人们常常把云南普洱茶的汤色比喻为“陈红酒”“琥珀”“石榴红”“宝石红”等。观色已成为普洱茶艺中的一道独特风景。所以选择公道杯的时候以质地较好的透明玻璃具为首选。

紫砂壶冲泡黑茶

冲泡难易度：★★★★

备具：茶道六用、紫砂壶、公道杯、过滤网、品茗杯、茶荷、茶盘。

备水：将足量水烧至沸腾备用。

温具：将开水倒入茶壶中满壶，约 20 秒后再将温壶的水倒入公道杯中，最后将公道杯中的水倒入品茗杯当中。

投茶：用普洱刀撬取适量茶叶放入茶荷中，取的时候要沿着茶饼的纹理走向，防止把茶叶切碎，大块的用手撕碎，然后用茶匙拨入壶中。

洗茶：注入半壶开水，并迅速倒入茶盘中。因为普洱茶储存时间较长，表面灰尘等杂质较多，需润 1~3 次。

冲泡：悬壶高冲至满壶，用壶盖轻轻刮去浮沫，约 30 秒。

温杯：将品茗杯里的水倒入茶盘。

出汤：持壶将茶汤经过滤网快速倒入公道杯当中，壶里的茶汤要控净，这样不影响下一泡的口感。

分茶：将公道杯内的茶汤分入每个品茗杯中。

泡茶小贴士

冲泡普洱茶要求壶有“两大”：容积大、肚子大。因为普洱茶的浓度高，用腹大的茶壶冲泡，较能避免茶泡得过浓的问题，材质最好是紫砂壶或陶壶。

名茶鉴赏

普洱生茶

外形：条索粗壮肥大

色泽：乌润或红褐

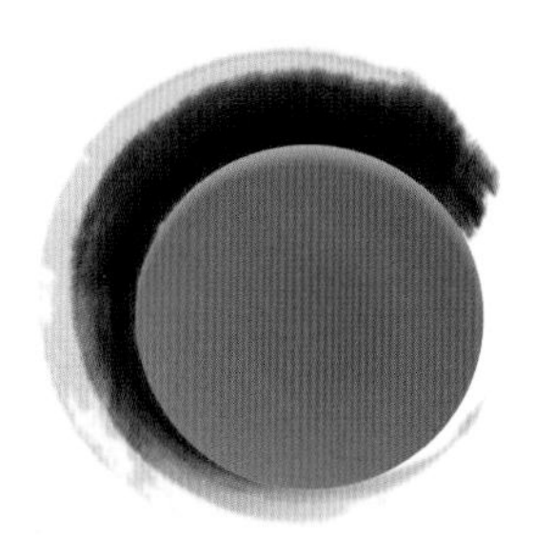

香气：陈香悠长甘爽

滋味：浓醇，滑口，润喉

汤色：红浓明亮，有“金圈”

叶底：红褐明亮

香茗远播

从口感和发酵方式看，普洱茶分生普洱和熟普洱，生普洱即传统普洱，以自然的发酵方式，新茶口感比较刺激，一般会放多年才喝，越陈越香；1973年后，为了适应更多人的口感，人为发酵使茶性温和了一点，让茶水没那么刺激，这就是熟普洱。

普洱按压制的形状，分为饼茶、沱茶、砖茶等，饼茶和沱茶是最常见的两种形式，饼茶是以前计量方式的七两（约350克）压成1饼，7饼包成1包，喻为七七四十九多子、多孙、多福；沱茶跟碗一样的大小形状。砖茶则是做成方形，像砖头一样的形状，以前是为了方便运输，现在作为普洱茶的一种经典形状保存了下来。

茶韵悠长

生茶是指新鲜的茶叶采摘后以自然的方式陈放，未经过渥堆发酵处理的为生茶。生茶茶性比熟茶烈、刺激，新制或陈放不久的生茶有苦涩味，汤色较浅或黄绿，生茶长久储藏，香味越来越醇厚。

辨茶有方

不同生茶叶底颜色随储藏时间加深，嫩绿—嫩黄—杏黄—暗黄—黄褐—红褐，逐渐变化。而发酵程度较好的普洱熟茶，叶底颜色一般都呈“猪肝色”，并随储藏年份增加逐渐向暗褐色转化。

普洱熟茶

外形：条索紧结匀净
色泽：褐润

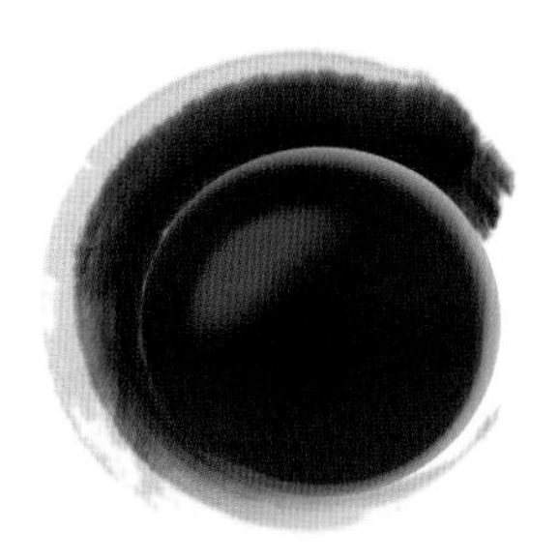

香气：纯正持久
滋味：醇厚回甘
汤色：红浓鲜亮

叶底：褐红

香茗远播

熟普洱是普洱茶热销的产物；生普洱即传统普洱茶，口感极重，需要陈放许多年才能喝，而且存量有限，所以人们开发出一种口感稍轻，而且当年制作当年就能喝的普洱茶，也就是熟普洱。

从目前的价值上看，熟普洱是不如生普洱的，但是从销售量和受欢迎程度看，熟普洱要好于生普洱。

茶韵悠长

喝普洱熟茶的时候，最好用手掰下来，这样口感比较均匀，面、里、底三层都有。而且茶在冲之前，至少要先洗二泡。然后水一定要烧开。三泡左右就开始正常出汤。而且每次把壶里的水倒干净。不要留上一泡的茶水在里面。

辨茶有方

生茶和熟茶的香气类型不同，都有随着储藏时间的变化而变化的特点。普洱生茶多为毫香、荷香、清香、栗香、陈香；普洱熟茶多为参香、豆香、陈香、枣香、樟香。由于香气类型不同，如将普洱生茶和熟茶混合存放，香气物质必然会交叉吸附，相互掩盖或改变，难以获得纯正自然的香气。

湖南黑茶

外形： 叶片粗大，条索紧结

色泽： 乌润

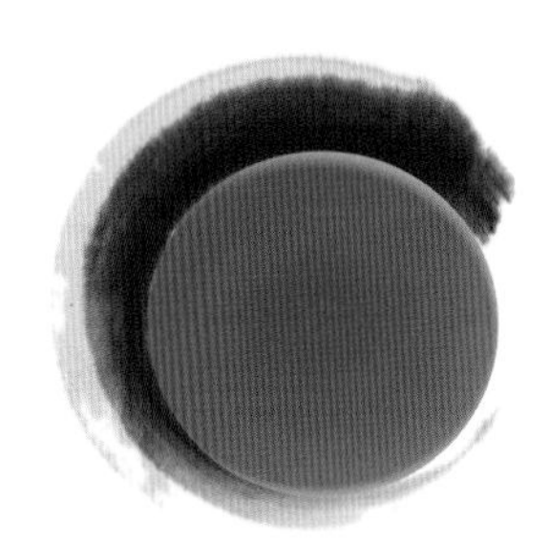

香气： 清香持久

滋味： 醇厚无涩

汤色： 橙黄

叶底： 黄褐

香茗远播

黑茶原是四川黑茶比较有名，后来湖南黑茶后来居上，成品有“三尖”“四砖”“花卷”系列。湖南省白沙溪茶厂的生产历史最为悠久，品种最为齐全，“三砖”即：黑砖、花砖和茯砖。“三尖”指湘尖一号、湘尖二号、湘尖三号即“天尖”“贡尖”“生尖”。“湘尖茶”是湘尖一、二、三号的总称。“花卷”系列包括“千两茶”“百两茶”“十两茶”。

茶韵悠长

冲泡黑茶宜选择粗犷、大气的茶具。一般用厚壁紫陶壶或如意杯冲泡；公道杯和品茗杯则以透明玻璃杯为佳，便于观赏汤色。

湖南黑茶茶汤松烟味较浓，前几泡会有微涩的口感；到了第五泡至第十泡的口感甜醇而不腻，滑爽、清香。

辨茶有方

湖南黑茶储存宜通风忌密闭，通风有助于茶品的自然氧化，同时可适当吸收空气中的水分加速茶体的湿热氧化过程，也为微生物代谢提供水分和氧气。切忌使用塑料袋密封，可使用牛皮纸、皮纸等通透性较好的包装材料进行包装储存。

六堡茶

外形：条索长整尚紧
色泽：黑褐光润

香气：陈醇
滋味：甘醇爽口
汤色：红浓

叶底：完整，呈铜褐色

香茗远播

六堡茶因原产于梧州市苍梧县六堡乡而得名，现在已经发展到广西几十个县，清嘉庆年间以其特殊的槟榔香味而列为全国24个名茶之一，是黑茶中远销东南亚的名茶，早期比普洱茶还要出名。

茶韵悠长

六堡茶素以“红、浓、醇、陈”四绝而著称。六堡茶色泽黑褐光润，汤色红浓明亮，滋味醇和爽口、略感甜滑，香气醇陈、有槟榔香味，叶底红褐，并且耐于久藏，越陈越好。

辨茶有方

不宜密闭，应略透气。用棉纸、宣纸或牛皮纸包裹即可，存入瓷瓮或陶瓮内，瓮不必密盖，可以略为透气。若茶有仓味，可置于空气中，待其仓味散尽再储存。若茶汤口感“紧”或“涩”，可将茶片剥散或摊开，待其自然“回润”，增其滋味的丰富及香气。

六堡茶在晾置陈化后，茶中便可见到有许多金黄色“金花”，这是有益品质的黄霉菌，它能分泌淀粉酶和氧化酶，可催化茶叶中的淀粉转化为单糖，催化多酚类化合物氧化，使茶叶汤色变棕红，消除粗青味。

花茶

提起花茶，我们首先想到的就是茉莉花茶，其实各种花都可以和茶叶窨制成花茶，虽然花茶没有其他名茶的名气大，但却是现在我国销量最大的茶品，占总销售量的七成以上。

花茶产于福建、江苏、浙江、广西、四川、安徽、湖南、江西、湖北、云南等地。早在1000多年前，就有上等绿茶中加入一种香料——龙脑香的制法，13世纪已有茉莉花窨茶的记载。

茶吸花香成花茶

花茶，亦称熏花茶、香花茶、香片。花茶是以绿茶、红茶、乌龙茶茶坯及符合食用需求、能够吐香的鲜花为原料，采用窨制工艺制作而成的茶叶。花茶是集茶味与花香于一体，茶引花香，花增茶味，相得益彰，既保持了浓郁爽口的茶味，又有鲜灵芬芳的花香。

窨制是指将鲜花和经过精制的茶叶拌和，在静止状态下茶叶缓慢吸收花香，然后筛去花渣，将茶叶烘干而成。

花茶传说

很早以前，北京茶商陈古秋同一位品饮大师研究北方人喜欢喝什么茶。陈古秋忽想起有位南方姑娘曾送给他一包茶叶未品尝过，便寻出请大师品尝。冲泡时，碗盖一打开，先是异香扑鼻，接着在冉冉升起的热气中，看见有一位美貌姑娘，两手捧着一束茉莉花，一会功夫又变成了一团热气。陈古秋不解就问大师，大师说："这茶乃茶中绝品——报恩茶"。

陈古秋想起三年前去南方购茶住客店遇见一位孤苦伶仃少女的经历，那少女诉说家中停放着父亲尸身，无钱殡葬，陈古秋深为同情，便取了一些银子给她。三年过去，今春又去南方时，客店老板转交给他这一小包茶叶，说是三年前那位少女交送的。当时未冲泡，谁料是珍品。"为什么她独独捧着茉莉花呢？"两人又重复冲泡了一遍，那手捧茉莉花的姑娘又再次出现。

陈古秋一边品饮一边悟道："依我之见，这是茶仙提示，茉莉花可以入茶。"次年便将茉莉花加到茶中，从此便有了一种新茶类——茉莉花茶。

名茶鉴赏

茉莉花茶

外形：紧秀匀齐，细嫩多毫

色泽：黑褐油润

香气：鲜灵持久

滋味：醇厚鲜爽

汤色：黄绿明亮

叶底：嫩匀柔软

香茗远播

茉莉花茶，又叫茉莉香片，茉莉花茶是将茶叶和茉莉鲜花进行拼和、窨制，使茶叶吸收花香而制成，茶香与茉莉花香交互融合，“窨得茉莉无上味，列作人间第一香。”

作为窨制茶叶的花，茉莉是人们最为喜爱的一种，为百花之冠，所以茉莉花茶也是花茶市场上销量最大的一个品种。

茶韵悠长

花茶窨制过程主要是鲜花吐香和茶胚吸香的过程。茉莉鲜花的吐香是生物化学变化，成熟的茉莉花在酶、温度、水分、氧气等作用下，分解出芬香物质，随着生理变化而不断地吐出香气来。茶胚吸香是在物理吸附作用下，随着吸香同时也吸收大量水分，由于水的渗透作用，产生了化学吸附，在湿热作用下，发生了复杂的化学变化，茶汤从绿逐渐变黄亮，滋味由淡涩转为浓醇，形成特有的花茶的香、色、味。

辨茶有方

观形：一般上等茉莉花茶所选用的毛茶嫩度较好，以嫩芽者为佳，以福建花茶为例，条形长而饱满、白毫多、无叶者上，次之为一芽一叶、二叶或嫩芽多，芽毫显露。越是往下，芽越少，叶居多，以此类推。低档茶叶则以叶为主，几乎无嫩芽或根本无芽。

闻香：好的花茶，其茶叶之中散发出的香气应浓而不冲、香而持久，清香扑鼻，闻之无丝毫异味。

饮汤：香气浓郁、口感柔和、不苦不涩、没有异味为最佳。

玫瑰红茶

外形：条索紧结

色泽：乌润

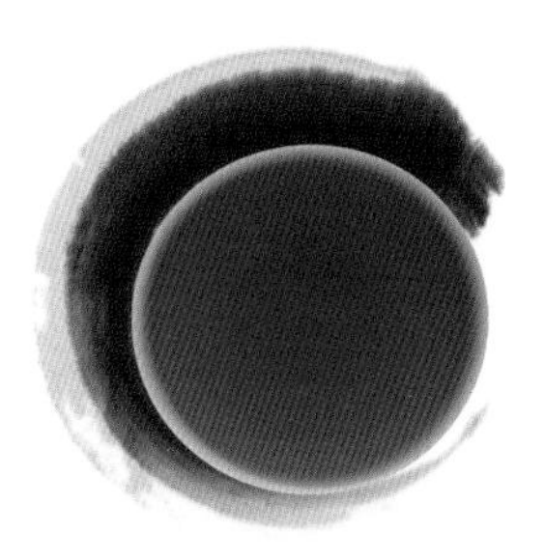

香气：内质有浓郁玫瑰花香

滋味：浓醇馥郁

汤色：红亮

叶底：嫩红

香茗远播

玫瑰红茶是用上等的红茶混合玫瑰花，再加上其他一些原料窨制而成的。

玫瑰红茶口感醇和，玫瑰花本身就代表着浪漫、爱情，任何女人对玫瑰都有一种天生的喜爱。在空闲的时候泡一杯玫瑰红茶，还可搭配几片干玫瑰，玫瑰花漂浮在杯中，红花配美人，别有一番韵味。

茶韵悠长

玫瑰红茶是一种大叶红茶，玫瑰红茶除了具有一般红茶的甜香味，更散发着浓郁的玫瑰花香。

辨茶有方

初喝茶的人容易把花草茶中的玫瑰红茶和花茶中的玫瑰红茶混淆，花茶中的玫瑰红茶是茶叶为主要原料，用玫瑰花等原料窨制而成；而花草茶中的玫瑰红是以玫瑰花为主要原料制成的，并不含茶叶。

购买玫瑰红茶需要注意的是，玫瑰红茶并非像茉莉花茶那样花香四溢、极为浓烈，而是比较清淡，如果有刺鼻的玫瑰花香，可能是添加了化学香料，品质反而不好。

花草茶

花草茶最先流行于西方，本身并不是茶叶，一般我们所谓的花草茶，特指那些不含茶叶成分的香草类饮品，所以花草茶其实是不含“茶叶”的。准确地说，花草茶指的是将植物的根、茎、叶、花或皮等部分加以煎煮或冲泡，而产生芳香味道的草本饮料。

花草茶一开始进入中国的时候，茶人们尤其是茶叶销售商们并不看好花草茶的市场，而且有些“看不起”这种“出身不正”的饮品。但是花草茶很快就被广大年轻女性热捧，而且其不同于茶叶的养生功效也吸引了一些消费者。所以现在在茶城花草茶也成功地占有了一席之地。

玻璃杯冲泡造型花茶

冲泡难易度：★★

备具：玻璃茶杯、水盂、茶道六用。

备水：用煮水器将水烧开备用。

净手：因造型花茶外形比较特殊，有时候无法使用茶夹、茶则等工具，需要泡茶的人亲自用手去拿，所以茶艺师要净手。

赏干茶：将造型花茶拾起，去掉包装，展示给客人看。

温杯：向玻璃杯内缓缓注入 1/3 热水，双手拇指食指持玻璃杯底部，倾斜 30° 左右轻轻晃动。

置茶：将准备好的造型花茶放入温好的杯底正中央，可用茶夹等工具调整好位置和方向。

润茶：缓缓地加入适量热水，刚好没过干茶，使茶叶处在一种含苞待放的状态。

泡茶：加开水至 7 分满。

奉茶：双手持杯底部，请客人品饮。

赏茶汤：和客人一起欣赏造型花茶慢慢像花朵一样绽放的过程。

造型花茶鉴赏

造型花茶观赏性极强，一般选择与其匹配的无色无花纹的玻璃杯，无须像绿茶那样选择长筒型玻璃杯，为了美观，各种形状都可以。

锦上添花

出水芙蓉

金元宝

双龙戏珠

东方美人

海贝吐珠

选茶

对于普通饮茶之人，购买茶叶时，一般只能观看干茶的外形和色泽，闻干香。这里粗略介绍一下鉴别干茶的方法。还要提醒您，选购新茶要注意一看色泽、二观外形、三闻香气、四品茶味、五捏干湿。

一看色泽：新茶色泽一般都较清新悦目，或嫩绿或墨绿。绿茶以颜色翠碧，鲜润活气为好；炒青茶色泽灰绿，略带光泽。若干茶叶色泽发枯发暗发褐，表明茶叶内质有不同程度的氧化，这种茶往往是陈茶；如果茶叶片上有明显的焦点、泡点（为黑色或深酱色斑点）或叶边缘为焦边，说明不好，不是好茶；若茶叶色泽花杂，颜色深浅反差较大，说明茶叶中夹有黄片、老叶甚至有陈茶，这样的茶也谈不上是好茶。

二观外形：各种茶叶都有特定的外形特征，有的像银针，有的像瓜子片，有的像圆珠，有的则像雀舌，有的叶片松泡，有的叶片紧结。炒青茶的叶片则紧结、条直。名优茶有各自独特的形状，如午子仙毫的外形特点是“微扁、条直”。

一般说新茶外形条索明亮、大小、粗细、长短均匀者为上品；条索枯暗、外形不整，甚至有茶梗、茶籽者为下品。细实、芽头多、锋苗锐利的嫩度高；粗松、老叶多、叶脉隆起的嫩度低。扁形茶以平扁光滑者为好，粗、枯、短者为次；条形茶以条索紧细、圆直、匀齐者为好，粗糙、扭曲、短碎者为次；颗粒茶以圆满结实者为好，松散块者为次。

三闻香气：新茶一般都有新茶香。好的新茶，茶香格外明显。如新绿茶闻之有悦鼻高爽的香气，其香气有清香型、浓香型、甜香型；质量越高的茶叶，香味越浓郁扑鼻。口嚼或冲泡，绿茶发甜香为上，如闻不到茶香或者闻到一股青涩气、粗老气、焦糊气则不是好新茶。若是陈茶，则香气淡薄或有一股陈气味。

四品茶味：茶汤入口后甘鲜，浓醇爽口，在口中留有甘味者最好；通常取少量样品冲泡观察，好的绿茶，汤色碧绿明澄，茶叶先苦涩，后浓香甘醇，而且带有板栗香味。

五捏干湿：用手指捏一捏茶叶，可以判断新茶的干湿程度。新茶要耐贮存，必须要足干。受潮的茶叶含水量都较高，不仅会严重影响茶水的色、香、味，而且易发霉变质。判断新茶足不足干，可取一二片茶叶用大拇指和食指稍微用劲捏一捏，能捏成粉末的是足干的茶叶，可以买；若捏不成粉末状，说明茶叶已受潮，含水量较高，这种新茶容易变质，不宜购买。

存茶

再好的茶叶，如果保存方法不当，也会很快变味，尤其是在家庭中。茶叶的数量较少，开启次数较多，茶叶保存起来有一定难度，眼看着自己喜欢的名贵好茶变得淡然无味，确实是件让人伤心的事。家庭茶叶保存的关键是“防压、防潮、密封、避光、防异味”，家庭存茶，也要遵循这种方法。

选择放在干燥的地方

茶叶中水分越多，茶叶就越不易保存，所以茶叶不能受潮。盛茶的器皿，有的不一定完全密闭，放在干燥处，吸潮的机会会相对少些，于茶叶保存有利。

茶叶盛器应密闭

存放茶叶的容器密闭性能越好，就越容易保持茶叶的质量，容器内茶叶保存的时间也就相对越长。对于易走气的盛器，应在其盖或口内垫上 1~2 层干净纸密封，以防从入口处吸进潮气或异味。

避免光线直照

光线直照，可使茶叶的内在物质发生变化，强阳光直接照射，这种变化就更明显。所以，白色透光的盛茶容器，绝对不能放在阳光直接照射处。如用罐、筒、盒装茶叶，也不要放在长期见光的桌子或柜顶、窗台等处，以防光照影响茶叶质量。

选择干净无异味的容器和环境

吸味是茶叶的一个主要特征，所以不管是存茶的容器还是环境都不要有其他气味，常见可能污染茶叶的气味有书架上报纸、图书的印刷气味；柜子里蛋糕、饼干等食物的气味；衣橱中樟脑味和香味等。

茶言片语

存茶有时无须密封，存茶密封就是为了防潮、防异味，如果存放的地方干燥无味，对茶叶的密封要求也就没那么高了，密封存茶一般都是用于长时间保存的，经常喝的茶没必要每次都密封。

袋藏法

随时喝的少量茶叶，可用干净的纸袋、保鲜袋等保存，随取随用。需要保存较长时间的茶叶选择厚实、强度好、无异味的塑料袋，把茶叶放进去密封即可。因为塑料袋的遮光性不好，所以这种方法可与盒藏法混合使用。

盒藏法

大多数喝茶随意的家庭都是盒藏法，因为大多数成品茶叶本身就带储藏盒，把茶叶放在金属制或纸制的盒里密封，这种方法的好处是取用十分方便。

罐藏法

对饮茶有兴趣的茶人多喜欢用罐藏法储藏茶叶，因为不仅效果好，而且茶叶罐本身就是一种很好看的工艺品。茶叶罐最常见的是瓷罐和锡罐，经常取用的茶叶直接放在罐子里即可，存茶专用的茶叶罐本身就有较好的密封性。大量、长时间地存茶，把茶叶放在瓦罐里到虚满，密封后倒置放在干燥的厚纸板或竹片上。

茶言片语——冰箱存茶需小心

很多人喜欢把茶叶放进冰箱储存，这确实是一个好方法。但是一定要注意要把茶叶密封好，别让自己的宝贝茶叶变成了冰箱的“除臭剂”。

第三章 养生中国茶

神农尝百草，
日遇七十二毒，
遇茶而解之，
茶不仅是
中国的一种文化符号，
更是国人千百年养生健体的
一种重要方式。

茶是一种健康饮品

茶的十大保健功效

一、清除脂肪，减肥瘦身

茶叶中的咖啡碱能提高胃液分泌量，有助于消化，增强分解脂肪能力。其中又以绿茶、乌龙茶、普洱茶的消脂功效最为显著。中医临床用的减肥茶中主要原料就是乌龙茶，基本没有副作用。

二、降低胆固醇，预防高血脂

人体内胆固醇、甘油三酯等含量过高，就会出现血管内壁脂肪沉积，导致形成动脉粥样硬化等。茶叶中的茶多酚对人体脂肪代谢能起到重要作用，茶多酚中儿茶素可有助于抑制这种斑块增生，从而抑制动脉粥样硬化。

三、清除自由基，延缓衰老

人体内的自由基过多，会加速人体老化。茶叶中的茶多酚具有很强的抗氧化性和生理活性，是人体自由基的清除剂。所以，喝茶既可延缓人体内脏器官衰老，也可延缓皮肤老化。

四、清热明目，明亮双眼

饮茶可以明目，茶叶中的胡萝卜素是眼内视网膜所需的主要成分之一，而维生素 B_1、维生素 B_2，以及维生素 C 等也都对眼睛有益处。很多人喜欢把茶水掸到眼皮上，是有科学道理的。

五、提高免疫力，抗癌防癌

茶叶中的茶多酚对胃癌、肠癌等多种癌症有显著的抗基因突变的功效，能有效阻断人体内亚硝胺等多种致癌物质在体内合成，并具有直接杀伤癌细胞和提高人机体免疫力的作用。

六、抵抗自由基，吸收辐射

辐射对人体的损伤主要是自由基引发的多种连锁反应，而茶叶中含有较多的茶多酚、咖啡碱和维生素C，都有去除自由基的作用。并且茶多酚及其氧化产物具有吸收放射性物质的能力。因此长期使用电脑的人，常喝茶可减轻电脑辐射对身体的危害。

七、降血糖，预防糖尿病

茶水中的复合多糖对降血糖有积极的作用。据研究，中度或轻度糖尿病患者常喝茶可以辅助降低血糖。

八、提神醒脑，提高工作效率

茶叶中的咖啡碱能促使人体中枢神经兴奋，增强大脑皮层的兴奋过程，促进新陈代谢和血液循环，消除疲倦，起到提神益思、清心的效果。

九、利尿排毒，消除疲劳

茶叶中的咖啡碱可刺激肾脏，促使尿液排出体外，提高肾脏的滤出率，减少有害物质在肾脏中的滞留时间。同时，咖啡碱可排除尿液中的过量乳酸，有助人体快速消除疲劳。

十、补充氟元素，预防龋齿

茶叶中含有较高的水溶性氟元素，并且茶叶中的儿茶素能抑制龋菌，可明显降低牙菌斑和牙周病的发病率。

茶叶的有效保健成分及功效

氨基酸

含量：茶叶中的氨基酸种类据报道已有 25 种，其中茶氨酸的含量占氨基酸总量的 50% 以上。

保健作用：有的氨基酸和人体健康有密切关系。如谷氨酸能降低血氨，治疗肝昏迷。蛋氨酸能调节脂肪代谢。

咖啡碱

含量：咖啡碱是茶叶中一种含量很高的生物碱。每杯 150 毫升的茶汤中含有 40 毫克左右咖啡碱。

保健作用：咖啡碱是一种中枢神经的兴奋剂，具有提神的作用。

多酚类化合物

含量：可溶性的多酚类化合物在红茶中的含量为干重的 10%~20%，它主要由儿茶素类、黄酮类化合物和酚酸组成，以儿茶素类化合物含量最高。其中儿茶素约占 70%，是决定茶叶色、香、味的重要成分；黄酮类物质是形成茶叶汤色的主要物质之一；花青素呈苦味，如花青素过多，茶叶品质就会受到影响；酚酸含量较低，包括绿原酸、咖啡酸等。

保健作用：它们具有防止血管硬化、防止动脉粥样硬化、降血脂、消炎抑菌、防辐射等多种功效。

B 族维生素

含量：茶叶中 B 族维生素的含量一般为茶叶干重的 0.01%~0.02%。

保健作用：其含量最高的维生素 B_5 可以预防癞皮病等皮肤病；茶叶中维生素 B_1 含量比蔬菜高，它能维持神经、心脏和消化系统的正常功能；每天饮用 5 杯茶可满足人体维生素 B_2 需要量的 5%~7%，维生素 B_2 可以增进皮肤的弹性和维持视网膜的正常功能，满足人体维生素 B_{11}（叶酸）需要量的 6%~13%，它参与人体核苷酸生物合成和脂肪代谢。

维生素 C

含量：高级绿茶中维生素 C 的含量可高达 0.5%。

保健作用：维生素 C 能防治坏血病，增加人体的抵抗力，促进创口愈合。

维生素 E

含量：干茶叶中维生素 E 的含量为茶叶干重的 0.03%~0.08%。

保健作用：维生素 E 可以阻止人体中脂质的过氧化过程，具有抗衰老的作用。

维生素 K

含量：每克成茶含维生素 K300~500 国际单位，每天饮用 5 杯茶即可满足人体的需要。

保健作用：维生素 K 可促进肝脏合成凝血素。

矿物质元素

含量：茶叶中含有氟、钙、磷、钾、硫、镁、锰、锌、硒、锗等多种矿物质元素。

保健作用：钾可维持心脏的正常收缩；锰参与人体多种酶促反应，并与人体的骨骼代谢、生殖功能和心血管功能有关；磷是骨骼、牙齿及细胞核蛋白的主要成分；硒和锗在对抗肿瘤方面有积极的作用。茶叶中对预防龋齿和防治老年骨质疏松有明显效果的氟元素含量很高。

常见饮茶误区

有些人不可一日无酒，有些人不可一日无茶，所谓穿衣戴帽各好一套。且不说喝茶人对茶文化的贡献，只是这不可一日无茶也是有待考察的，有些时候喝茶是要三思的，否则会适得其反。

长期喝浓茶害处多

“过量饮茶人黄瘦，淡茶温饮保长岁”，喝茶宜淡不宜浓，长期喝浓茶不仅起不到养生效果，还可能带来各种疾病。

维生素 B_1 缺乏症

饮用浓茶会影响肠胃对维生素 B_1 的吸收，从而可能出现疲劳、冷淡、厌食、恶心等胃肠道、神经系统症状。

骨质疏松

茶中的咖啡碱可明显抑制钙在人体的吸收，从而导致钙流失，时间久了，就会引发骨质疏松甚至发生骨折。

贫血

茶汤中单宁极易与人体内的铁结合，生成不溶性的单宁铁，从而阻碍肠黏膜对铁的吸收，使血液中红细胞的血红蛋白生成不足，导致缺铁性贫血，或加重贫血者病情。

氟中毒

茶叶中富含氟元素，氟摄取量过多，久而久之就会引起氟中毒，导致氟斑牙和氟骨症。

空腹喝茶易“醉茶”

空腹时饮茶容易使肠道吸收过多的咖啡碱，而发生心慌、头晕、手脚无力、心神恍惚等，这就是医学上所说的“醉茶”。患胃病、十二指肠溃疡的中老年人更不宜空腹饮茶，那样会刺激肠胃黏膜，从而导致病情加重。一旦出现醉茶的反应，可以含一块糖或喝些糖水，即可缓解。

饭后喝茶易便秘

饭后立即喝茶，茶叶中的单宁会与蛋白质合成单宁蛋白质，而使肠道蠕动减慢，造成便秘，更严重的会增加有毒物质对肝脏的毒害，而导致脂肪肝。可在进餐后过 1 个小时再饮茶。并且，饭前也不宜饮茶，会冲淡胃酸。所以，喝茶最好避开就餐的时间。

睡前喝茶难入眠

睡前喝茶不仅容易失眠，还会导致消化不良。茶叶中的咖啡碱和茶多酚能使神经中枢兴奋，且茶叶越高档，咖啡碱等含量就越高，其兴奋利尿作用就越强，所以睡前不宜饮茶。如果晚上一定要喝茶，建议最好喝红茶，因为红茶是全发酵茶，茶多酚含量较少，且刺激性弱,性温而平和,脾胃虚弱的人喝红茶时可加点奶,能起到一定的温胃作用。

隔夜茶，伤脾胃

隔夜茶不适宜饮用，因为茶水放久了会使维生素散失，而且会溶出较多的单宁，喝了伤胃。尤其在夏天，隔夜茶容易被细菌污染，再饮用就会影响健康。

茶具宜常洗，茶垢最伤身

茶具用久了，若不清洗会在茶具内壁生出一层茶垢，而茶垢中含有镉、铅、铁、砷、汞等多种金属物质，在饮茶时会随着水进入身体，与食物中的蛋白质、脂肪和维生素等营养素化合，生成难以溶解的物质，而阻碍了营养的吸收。同时，这些物质在体内会引起神经、消化、泌尿及造血系统病变和功能紊乱，而危害健康。所以要经常清洗茶具内壁的茶垢，以免影响健康。

浓茶解酒伤心肾

酒后饮茶，茶碱产生利尿作用，而此时酒精还尚未分解，就进入了肾脏，酒精对肾脏有较大的刺激性，严重的会损害肾脏功能。李时珍在《本草纲目》中曾提到：酒后饮茶伤肾脏，腰脚坠重，膀胱冷痛，兼患痰饮水肿、消渴挛痛之疾。酒精对心血管的刺激很大，而浓茶同样也会兴奋心脏，酒后饮茶则会使心脏受到双重的刺激，而加重心脏的负担。所以心脏功能较弱的人，更是不可酒后饮茶。

找到适合自己的茶

有一个笑话：可以根据一个人口袋上的钢笔数来猜测这个人的学历，口袋上插一支钢笔的，是中学生；插两支钢笔的是大学生；插三支钢笔的则很可能是修理钢笔的。喝茶也是如此，这本书就介绍了这么多种茶，实际上茶的种类更多，一个人不可能全部喜欢和精通。所以我们要挑选几种最适合自己的茶：一是要适合自己的口味，喝起来舒服才行；二是要适合自己的身体状况，茶是养生饮品，要把茶的养生功效发挥好才行。

每类茶的茶性不同

新鲜茶叶各种物质含量基本一样，但是不同的茶因为加工过程的差异，各种有益物质的含量、茶的性质以及保健养生的作用就变得各不相同了。

绿茶：属未发酵的茶，性寒。品种包括龙井、碧螺春、珠茶、毛峰等。含有较多的茶多酚、氨基酸、咖啡碱、维生素C等。绿茶具有抗氧化、降血糖、降血压、降血脂、抗菌、抗病毒等保健作用。

红茶：为全发酵茶，味甘性温。品种有工夫红茶、小种红茶以及红碎茶，如祁门红茶、滇红、宁红等。红茶具有抗氧化、防心血管病、暖胃、助消化等作用。

乌龙茶：为半发酵茶，介于红茶与绿茶之间，既不寒凉也不温燥。品种包括铁观音、福建乌龙、台湾乌龙、大红袍、武夷水仙、凤凰水仙等。乌龙茶具有降血脂、减肥、抗炎症、抗过敏、防蛀牙、延缓衰老等保健作用。

黑茶：为重发酵茶叶，性温。是我国特有的茶叶，品种包括普洱、六安、四川边茶等。黑茶具有降血脂、降低胆固醇、抑制动脉硬化、减肥、健美等功效。

白茶：为轻发酵茶，色白如银、满披茸毛，故名。白茶是我国特色茶类，品种包括银针白毫、白牡丹、寿眉等。白茶具有防暑、解毒等保健作用。

黄茶：属轻微发酵的茶，按鲜叶老嫩程度不同，分为黄芽茶、黄小茶和黄大茶三类，品种有君山银针茶、蒙顶黄芽、北港毛尖等。黄茶富含茶多酚、氨基酸、可溶糖、维生素等营养物质，有助消化、杀菌、消炎等功效。

了解体质喝对茶

中医讲究身体功能的平衡与协调，人体某些功能失去平衡时，就会表现出一些特征，在中医里称为阴、阳、寒、热、虚、实、湿、燥等类型。对照下面的特征，看看你属于哪种体质，适合哪些茶材。

尽管古人认为茶是“万病之药”，但不是任何茶都能适合每一个人。喝茶前先认清自己的体质，才能喝得更健康。

寒性体质

自我鉴定：身体发冷，下肢冰凉，尤其是到了秋冬季节更为严重；尿量减少，下腹有抵抗感，有时候会有排尿困难；感觉体力无正常原因减退，无法承受长时间的工作和家务。

适合喝的茶类：红茶、乌龙茶等。

适合的其他食物：当归、人参、黄芪、栗子、山楂、核桃等。

热性体质

自我鉴定：容易发脾气，心烦；易上火，上火后大便干燥，易便秘，尿液发黄；不耐热，夏天特别贪凉。

适合喝的茶类：绿茶、菊花茶等。

适合的其他食物：西洋参、决明子、薄荷、杨桃、香蕉、草莓、梨子、樱桃等。

阴虚体质

自我鉴定：身体消瘦，面色潮红；大便干燥，小便发黄；皮肤枯黄，夜间容易盗汗。

适合喝的茶类：绿茶、花茶等。

适合的其他食物：各种粥，各种甲壳类水产品，各种菌类。

阳虚体质

自我鉴定：四肢无力，容易疲劳；肤色不正常地发白，怕寒喜暖。

适合喝的茶类：红茶、乌龙茶、普洱茶等。

适合的其他食物：核桃、姜、肉桂、花生等。

四季轮回话饮茶

四季变化，寒热温凉也会跟着变化，喝什么茶跟季节变化有密切关系，不同的季节饮不同品种的茶，对人体更有益。故饮茶之道是四季有别。

春饮花茶祛寒邪

春季，雪化冰消，风和日暖，万物复苏。此时，以饮香馥浓郁的茉莉花茶为好，用以散发冬天积聚在体内的寒邪，促使人体阳气生发，使“精”“气”“神”为之一振。

夏饮绿茶除暑湿

夏季气候炎热，佳木繁荫，盛暑逼人，人体的津液大量耗损。此时，以饮用性味苦寒的绿茶为宜，清汤绿叶，给人以清凉之感，用以消暑解热。绿茶内茶多酚、咖啡碱、氨基酸等含量较多，有刺激口腔黏膜、促进消化腺分泌的作用，利于生津，为盛夏消暑止渴的佳品。

秋饮乌龙润燥气

秋季，天气凉爽，风霜高洁，气候干燥，余热未消，人体津液未完全恢复平衡。此时，以饮用乌龙茶为好，乌龙茶性味介于红茶、绿茶之间，不寒不热，既能消除余热，又能恢复津液。在秋季，也可红茶、绿茶混用，取其两种功效；也可绿茶和花茶混用，以取绿茶清热解暑之功、花茶化痰开窍之效。

红茶普洱御寒冬

冬季，北风凛冽，寒气袭人，人体阳气易损。此时，以选用味甘性温的红茶为好，以温育人体的阳气，尤其适用于女性。红茶红叶红汤，给人以温暖的感觉；红茶可加奶及糖，故有生热暖胃之功；红茶有助消化、祛油腻之功效，于冬季进补肥腻时有利。

巧用茶水缓病痛

茶水是日常生活中的普通饮料，如能巧妙地应用，可解除或防治许多常见病痛。

烫伤或烧伤可用适量的茶叶煎取浓汁，快速冷却后，把患处浸入茶水中；也可用茶水涂抹于创面，一日 4~5 次。

晕车船与醉酒可事先用一小杯温茶水，加 2~3 毫升酱油饮下。

刷牙时牙龈出血可经常饮茶，因茶中富含维生素 C、铁及止血成分，可使牙龈坚韧，毛细血管弹性增加，防止出血。

口臭或吸烟过度引起心慌、恶心，可用茶水漱口并饮用适量浓茶来解除。茶水中的氟可阻止牙齿在口腔酸性环境中脱磷、脱钙，故常用茶水漱口可防龋齿。

婴幼儿皮肤褶皱处发炎红肿可用茶叶熬水，放至适宜温度后给婴幼儿外洗。

茶中的单宁有收敛止泻作用，喝较浓的绿茶，可止腹泻。

劳累过度可泡新茶一杯饮用，能较快地消除疲劳，恢复精力。

身体肥胖者可常饮茶水，尤其是乌龙茶，有良好的减肥作用。

胆固醇高并伴有心血管疾病者每天饮茶水一杯，能降低胆固醇，保护心血管。

食欲不振、小便黄赤者可多饮用些淡茶水 。

过食油腻不适者可饮用较浓的热茶，如饮砖茶或沱茶，解腻效果更好。

茶食、茶点与茶菜

茶与吃是分不开的，包括茶食、茶点和茶菜，茶菜顾名思义就是用茶叶做出的菜肴。但很多人分不清茶食和茶点，甚至一些茶馆也没怎么去细分，以至于现在茶食和茶点在很多情况下是没有区别的。

如果详细分的话，茶点是零食，是喝茶的时候边喝边吃的零嘴、小点心，茶食则是在茶馆中现场制作的美食。

绿茶沙拉

原料

绿茶3克，香蕉2根，其他当季水果若干，葡萄数枚，沙拉酱适量。

做法

1. 将绿茶研成茶末，和沙拉酱搅拌均匀。
2. 将香蕉等水果切块。
3. 拌好后盛于盘中，放上葡萄点缀即可。

绿茶香蕉卷

原料

香蕉5根，糯米粉500克，白糖100克，面粉40克，绿茶10克，花生、芝麻各100克。

做法

1. 绿茶用沸水冲泡，滤去茶渣；取3根香蕉捣成泥。
2. 将香蕉泥、糯米粉、面粉与白糖混合，倒入适量油和茶汤拌匀成面糊。
3. 花生、芝麻炒香碾碎拌匀成馅料，剩下的2根香蕉切段。
4. 平底锅中，倒入适量油，将面糊煎成薄饼，然后铺上馅料，放入香蕉段卷好即成。

茉莉花茶软糕

原料

糯米粉300克，茉莉花茶10克，白糖300克，面粉200克，色拉油适量。

做法

1. 用适量沸水冲泡茉莉花茶，泡出茶香后滤去茶渣。
2. 将面粉、白糖、糯米粉一同倒入茶汤搅拌成粉浆，盛于碗中隔水蒸40分钟。
3. 待冷却后切片，放入油锅中煎香即可。

红茶芝麻糖

原料

红茶茶叶15克，芝麻100克，白糖100克，蜂蜜适量。

做法

1. 芝麻用文火炒香；红茶用沸水冲泡，滤去茶渣待用。
2. 将茶汤放入锅中，加入白糖和蜂蜜，用文火熬至能拉成丝，然后倒入芝麻拌匀，再将芝麻糖倒入模具中，待快冷却时，切条状或片装即可。

铁观音甘薯饼

原料

甘薯500克，糯米粉100克，薯粉75克，白糖100克，猪板油35克，铁观音茶末、色拉油各适量。

做法

1. 将甘薯去皮、切块，蒸熟后，加入白糖、薯粉、糯米粉、猪板油、铁观音茶末等拌匀，和成粉团。
2. 将甘薯粉团分成若干剂，压成饼状，入油锅煎至金黄即可。

龙井水煮肉

原料

猪瘦肉200克，龙井茶5克，榨菜丝10克，高汤适量，料酒、盐、鸡精、干淀粉等调味料若干。

做法

1. 肉切片，用料酒、盐、鸡精、干淀粉拌匀腌渍30分钟。

2. 用温水冲泡龙井茶。

3. 将肉片下入开水中氽熟，捞出；然后将高汤加热，倒入茶汤，煮沸后放入榨菜丝和猪肉片，最后加盐调味即可。

普洱炖排骨

原料

普洱茶饼20克，鲜排骨500克，大葱、姜、蒜、盐、油等调味料各适量。

做法

1. 将排骨洗净，切成小块，放入沸水中焯一下捞出。

2. 大葱切小段，姜切片，大蒜去皮拍碎。

3. 锅中加水，放入普洱茶饼，煮沸3分钟。

4. 加入排骨，葱姜蒜等调味料，文火炖1小时左右即可。

龙井虾仁

原料

虾仁300克，龙井茶叶10克，鸡蛋清1个，干淀粉20克，油、盐各适量。

做法

1. 虾仁洗净，鸡蛋打匀，用盐、鸡蛋和干淀粉拌匀虾仁，腌渍片刻。

2. 将龙井茶用温水冲泡。

3. 在炒锅中倒入适量油烧至五成热，倒入虾仁翻炒约1分钟，泼入带茶叶的茶汤炒匀即可。

莲子银耳乌龙汤

原料

乌龙茶5克，百合10克，莲子20克，银耳10克，红枣5粒，冰糖适量。

做法

1.乌龙茶用沸水冲泡备用，银耳、莲子泡发好。

2.将莲子、百合、银耳、红枣加适量清水煮熟，放入冰糖，倒入茶汁搅拌均匀即可。

龙井茶蛤蜊汤

原料

蛤蜊250克，龙井10克，姜丝等调料各适量。

做法

1.用热水将龙井泡开后，过滤茶渣得到清净茶汤，茶汤留置备用。

2.另外煮开半锅水，放入蛤蜊及姜丝。

3.待蛤蜊张开，再将茶汤倒入，混合煮开即可。

红茶鸡丁

原料

鸡胸脯肉300克，红茶包4包，青椒3个，鸡蛋清、淀粉、鸡精、盐、油各适量。

做法

1.将鸡肉洗净切成丁，用蛋清和淀粉拌匀腌渍待用。

2.锅中倒适量油，将红茶去除包装，放入茶叶爆香，然后将鸡丁放入锅中炒至七分熟捞出备用。

3.把青椒洗净、切片，放入油锅中略爆炒，然后再倒入鸡丁，加少许清水、盐、鸡精翻炒均匀即可。

红茶玫瑰粥

原料

大米100克，红茶6克，玫瑰花4克，蜂蜜适量。

做法

1.将红茶、玫瑰花加适量水煎汁、滤渣待用。

2.将淘好的米倒入茶汤中，煮成粥，最后调入蜂蜜即成。

绿茶莲子羹

原料

绿茶10克，去心莲子50克，水淀粉、白糖各适量。

做法

1.莲子用水泡好，放于锅中，倒入水煮烂并捣碎成泥。

2.用温水冲泡绿茶。

3.将泡好的茶汤倒入莲子泥，再加少量清水和水淀粉煮沸，出锅加白糖搅匀即可。

大红袍炖母鸡

原料

母鸡1只，大红袍茶叶30克，土豆2个，调味料适量。

做法

1.将茶叶放入锅中，倒入沸水冲泡。

2.母鸡处理干净后，去头，切块，放入锅中；土豆切块，放入锅中，加入调味料炖烂即可出锅。

附录

茶艺用语欣赏

孔雀开屏

展示动作：泡茶前按位置摆放好茶具，向客人展示。

乌龙入宫

置茶动作：将茶荷中的茶叶拨入紫砂壶，多用于乌龙茶茶艺。

高山流水

冲水动作：冲水高度越高，浸润、冲泡茶叶的效果越好。

关公巡城

分茶汤动作：用公道杯向茶杯中分茶要从左向右再向左来回倒，每次倒 1/3~1/4 杯，这样可以让每个杯子里的茶汤浓度基本一样。

韩信点兵

分茶汤动作：公道杯里最后的几滴茶汤最浓，是整壶茶的精华，所以最后几滴要精确地滴到每个茶杯中。

凤凰点头

倒茶动作：茶海中的茶汤不多的时候，倒茶要三起三落，称为“凤凰三点头”。

三龙护鼎

持杯动作：即用拇指、食指扶杯，中指顶杯，此法既稳当又雅观。

游山玩水

干壶动作：将茶壶沿着茶盘边缘擦行一圈，沥掉茶壶底的茶汤，防止倒茶的时候滴到茶杯中。

春风拂面

刮沫动作：将茶汤表面的浮沫用盖子刮掉，通常紫砂壶、盖碗茶艺中会用到。

屈指代跪

茶礼动作：主人倒茶的时候，客人用食指和中指轻叩桌面，表示感谢，典故来自乾隆微服下江南时给大臣倒茶，大臣无法跪拜感谢，用手指暗指。

茶礼趣谈

出门七件事“柴米油盐酱醋茶”，因为茶已经深入到中国人生活中了，所以各地都形成了一些有意思的小讲究，虽然这种讲究现在已经相当淡化了，我们不妨了解一下，当作趣谈。

上茶敬客，端茶送客

客人到家，主人首先要上一杯茶来招待客人以示热情，客人在的时候只要发现客人茶饮尽，要不断续水、续茶，但是千万不要说：“您再喝一杯”之类的话，如果碰到家中有事不能继续招待，或者客人没时间观念，赖着不走，这时候主人可以端起茶来问：“您再喝一杯吧。”这时候，客人就会知道主家不便继续招待，就会起身离开了，双方都保存了颜面。

茶三酒四

茶三酒四有两种说法。一是茶最好倒3/4满，而酒要倒4/5满。还有一种就是人数，品茗以三人为佳，可以谈诗论画，而饮酒则以四人为宜，方便行令取乐。

酒满敬人，茶满欺人

酒是冷的或者温的，倒得越满越显示主人的热情，所以就倒得越满越好，即使洒出来也无所谓；而茶是烫的，如果倒得过满，喝茶的时候很容易烫到手，所以把茶倒满是怠慢客人的表现。

无色茶送客

一般招待客人，续几次水以后就应该更换茶叶，但是主人一直不换茶叶，一直到茶汤都没了颜色，表示主人不欢迎客人，有送客之意。但是端茶送客是一种礼仪，无色茶送客则是一种怠慢了。

新客换茶

几个人在一起喝茶，忽然新来了一个人，不管壶中的茶是几泡的，都应该换新茶，新茶要请新来的客人先喝。

中国茶俗

厦门人最爱原味浓乌龙

虽然福建的花茶也十分有名，但是厦门人却认为，原味的茶才是最好的，所以即使本地花茶的品质极好，价格又相对便宜，也很少能入厦门人的法眼。

厦门人习惯喝功夫茶，最爱铁观音，在厦门不管你是旅游还是办事，机关、家庭、街头随处可见功夫茶具，随处可见喝茶的人，厦门人喝功夫茶口味极重，刚到厦门的人往往一开始会有些受不了，过个两三天，你就能从那份浓重的苦涩当中品位出乌龙茶的醇甘香浓了。

西藏饮不尽的酥油茶

西藏的酥油茶是茶、奶、盐、糖等混合在一起的一种特色茶，去藏民家里的时候主人肯定会拿出酥油茶和糌粑来待客。

作为客人需要注意了，酥油茶不能一口喝完，这样会被认为是极不礼貌和对主人的不尊重。而应该喝完之后碗里留上少许，这样表示对女主人手艺的赞美，这时候女主人就会上来给你继续斟满，当你喝够的时候，把残茶倒在地上，意思是表示对主人好客的感谢。

绍兴四时茶

大年初一元宝茶：大年初一的时候不仅茶叶要提高一个档次，茶中更要放一个金橘或橄榄，意为招财进宝。

清明“仙茶”：绍兴产绿茶，明前绿茶品质最好，也最珍贵，如果去茶区主人拿明前茶给你，已经是“神仙”一样的待遇了。

端午喝浓茶：端午节有喝雄黄酒的习俗，雄黄酒大热，喝一点浓茶可以消热。

盂兰茶敬先人：鬼节的时候绍兴人要在天井放几杯茶，用来供奉先人。

云南白族的三道茶

白族在逢年过节、生日、婚嫁等喜庆的日子，都会以“一苦”“二甜”“三回味”的三道茶待客。

第一道闻起来香，喝起来比较苦，寓意“要立业，就要能吃苦。”

第二道加了白糖，寓意“只要能吃苦，甜蜜一定到来。”

第三道加入酸甜苦辣各种调味料，寓意“人生凡事要多回味。”

基诺族的凉拌茶和煮茶

基诺族主要分布在我国云南西双版纳地区，尤以景洪为最多。他们的饮茶方法较为罕见，常见的有两种，即凉拌茶和煮茶。

凉拌茶是一种较为原始的食茶方法，它的历史可以追溯到数千年以前。此法以现采的茶树鲜嫩新梢为主料，再配以黄果叶、辣椒、食盐等作料而成，一般可根据各人的爱好而定。

做凉拌茶的方法并不复杂，通常先将从茶树上采下的鲜嫩新梢，用洁净的双手捧起，稍用力搓揉，使嫩梢揉碎，放入清洁的碗内；再将黄果叶揉碎，辣椒切碎，连同适量食盐投入碗中；最后，加少许泉水，用筷子搅匀，静置 15 分钟左右，即可食用。

基诺族的另一种饮茶方式，就是喝煮茶，这种方法在基诺族中较为常见。其方法是先用茶壶将水煮沸，随即在陶罐取出适量已经过加工的茶叶，投入到正在沸腾的茶壶内，经 3 分钟左右，当茶叶的汁水已经溶解于水时，即可将壶中的茶汤注入到竹筒，供人饮用。

竹筒，基诺族既用它当盛具，劳动时可盛茶带到田间饮用，又用它作饮具。因它一头平，便于摆放，另一头稍尖，便于用口吮茶，所以，就地取材的竹筒便成了基诺族喝煮茶的重要器具。

傣族的竹筒香茶

竹筒香茶是傣族人们别具风味的一种茶饮料。傣族生活在我国云南的南部和西南部地区，以西双版纳最为集中，这是一个能歌善舞而又热情好客的民族。

傣族喝的竹筒香茶，其制作和烤煮方法甚为奇特，一般可分为五道程序。

装茶：就是将采摘下的细嫩、再经初加工而成的毛茶，放在生长期为一年左右的嫩香竹筒中，分层陆续装实。

烤茶：将装有茶叶的竹筒，放在火塘边烘烤，为使筒内茶叶受热均匀，通常每隔 4~5 分钟应翻滚竹筒一次。待竹筒色泽由绿转黄时，筒内茶叶也已达到烘烤要求，即可停止烘烤。

取茶：待茶叶烘烤完毕，用刀劈开竹筒，就成为清香扑鼻的竹筒香茶。

泡茶：分取适量竹筒香茶，置于碗中，用刚沸腾的开水冲泡，经 3~5 分钟，即可饮用。

喝茶：竹筒香茶喝起来，既有茶的醇厚高香，又有竹的浓郁清香，所以，喝起来有耳目一新之感，难怪傣族同胞，不分男女老少，人人都爱喝竹筒香茶。

佤族的烧茶

佤族主要分布在我国云南的沧源、西盟等地，在澜沧、孟连、耿马、镇康等地也有部分居住。他们至今仍保留着一些古老的生活习惯，喝烧茶就是一种流传久远的饮茶风俗。

佤族的烧茶，冲泡方法很别致。通常先用茶壶将水煮开。与此同时，另选一块清洁的薄铁板，上放适量茶叶，移到烧水的火塘边烘烤。为使茶叶受热均匀，还得轻轻抖动铁板。待茶叶发出清香，叶色转黄时，随即将茶叶倾入开水壶中进行煮茶。约 3 分钟后，即可将茶置入茶碗，以便饮用。如果烧茶是用来敬客的，通常得由佤族少女奉茶敬客，待客人接茶后，方可开始喝茶。

国外茶俗

日本的茶道：和、敬、清、寂

日本的茶道世界闻名，到日本去旅游，肯定要体验一下日本的茶道艺术，日本茶道的精髓在于四个字：和、敬、清、寂。和、敬指的是人际关系，通过饮茶这种方式让人与人和睦相处；清、寂指的是泡茶的环境要清幽，使用的茶具、家具要典雅古朴。

马来西亚“调酒”拉茶

用料与奶茶差不多。调制拉茶的师傅在配制好料后，即用两个杯子象玩魔术一般，将奶茶倒过来，倒过去，由于两个杯子的距离较远，看上去好象白色的奶茶被拉长了似的，成了一条白色的粗线，十分有趣，因此被称为“拉茶”。拉好的奶茶象啤酒一样充满了泡沫，喝下去十分舒服。拉茶据说有消滞的功效，所以马来西亚人在闲时都喜欢喝上一杯。

普兰人全家共饮一碗茶

普兰人居住在欧洲极北部，他们也是喜欢饮茶的民族，至今还保留着古老的饮茶方式。普兰人一家人在一起时，喜欢饮茶聊天，茶水熬好以后，不是每人一杯，也不是每人一碗，不论家里有多少人，只斟满一大碗，全家人围坐在一张桌子边，由老及小，依次捧碗喝上一口，像接力赛一样，以此转辗传饮。这一碗喝完了，再斟满，直到大家喝够为止。

美国人喝速溶茶

美国是一个讲求效率的国家，美国人很少将大量时间花费在饮食上，汉堡、热狗、汽水这些快餐是美国人的最爱，喝茶也是一样，美国人喝茶最常用的就是茶包，里面有茶末、糖和其他调味剂，放在杯子里直接拿开水一冲就可以了。

新加坡的肉骨茶

新加坡人喜欢把排骨混合各种中药来炖，吃排骨的时候一定要喝茶，主要是喝我们国家的大红袍、铁观音等乌龙茶。这种喝茶吃肉的习俗特别普遍，有点像北方游牧民族的喝酒吃肉，很多超市里都有炖肉骨茶的专用调料包。

爱斯基摩人喝着红茶打发时间

生活在北极圈的爱斯基摩人，每年有超过半年的时间是漫长的极夜，没什么事情做的爱斯基摩人喝茶聊天是打发时间的最好方式，因为地处寒冷，所以性温热、能祛寒的红茶是爱斯基摩人的最爱，但他们不像其他寒冷地带的人喜欢放糖或奶，他们只喜欢最醇正的原味红茶。

澳大利亚茶酒同饮

澳大利亚的游牧民族生活在高海拔地区，气候严寒，他们喝茶的主要目的就是为了保暖，所以饮茶以温热性质的红茶为主，茶内加入甜酒、柠檬和牛奶，这种有各种味道的茶汤营养丰富，能为人体提供热量。

俄罗斯人喝果酱茶

先在茶壶里泡上浓浓的一壶茶，然后在杯中加柠檬或蜂蜜、果酱等配料冲制成果酱茶。冬天则有时加入甜酒，以预防感冒，这种果酱茶特别受寒冷地区居民的喜爱。

泰国人喝冰茶

在气候炎热的泰国，人们喝茶时总是要在热气腾腾的一杯茶中加入冰块。茶水只盛半杯，很容易冷却，饮后使人备感清凉。当地人不饮热茶，只有外地客人来时，才倒一杯热茶招待客人。

马里人喝甜茶

马里人早上起床后就开始烧水煮茶，茶煮沸后再放糖块，同时也将腌肉放在炉上烤，等到肉熟茶香时边吃边喝。一直到吃饱喝足后，才去干其他的活。

巴巴多斯人喝莫比茶

加勒比海附近的巴巴多斯人用一种叫莫比的树叶制成薄荷清凉味的茶，此茶清香醇厚，又甜又凉，久喝不厌。有客来访，客人先饮主人敬的 3 杯茶后再交谈，以示敬意。

阿根廷人喝马黛茶

主要是把当地的马黛树叶和茶叶混合在一起冲泡饮用，有提神解渴和帮助消化的作用。喝茶时，先将茶叶放入杯中，冲入开水，再用一根细长的吸管插入大茶杯中轮流吸饮，同时还伴舞助兴，以增饮茶情趣。

越南的玳玳花茶

玳玳花是一种白色的小花，越南人喜欢把玳玳花晒干后，取 3~5 朵，和茶叶一起冲泡饮用。由于这种茶是由玳玳花和茶两者相融，故名玳玳花茶。玳玳花茶有止痛、祛痰、解毒等功效。一经冲泡后，绿中透出点点的花蕾，煞是好看；喝起来又芳香可口。如此饮茶，饶有情趣。

图书在版编目（CIP）数据

从零开始学茶艺 / 张雪楠编著 .-- 北京：中国纺织出版社有限公司，2021.10（2023.3 重印）

ISBN 978-7-5180-8362-6

Ⅰ.①从… Ⅱ.①张… Ⅲ.①茶艺—基本知识 Ⅳ.① TS971.21

中国版本图书馆 CIP 数据核字（2021）第 022841 号

责任编辑：毕仕林 国 帅 责任校对：寇晨晨
责任印制：王艳丽

中国纺织出版社有限公司出版发行
地址：北京市朝阳区百子湾东里 A407 号楼 邮政编码：100124
销售电话：010—67004422 传真：010—87155801
http：//www.c-textilep. com
中国纺织出版社天猫旗舰店
官方微博 http：//weibo. com/2119887771
天津宝通印刷有限公司印刷 各地新华书店经销
2021 年 10 月第 1 版 2023 年 3 月第 2 次印刷
开本：710×1000 1/16 印张：12
字数：143 千字 定价：58.00 元